L'AGRICULTEUR

PRATICIEN

L'AGRICULTEUR

PRATICIEN

PAR M. VICTOR-P. REY

Membre de la Légion-d'Honneur

MAIRE D'AUTUN, PRÉSIDENT DE LA SOCIÉTÉ D'AGRICULTURE
DE CETTE VILLE

AUTUN

IMPRIMERIES DE MICHEL DEJUSSIEU ET L. VILLEDEY.

1851

A LA

SOCIÉTÉ D'AGRICULTURE

DE LA VILLE

ET DE

L'ARRONDISSEMENT D'AUTUN.

·≈∷°·

**

ERRATA.

Pages.   Lignes.

25 — 19, *au lieu de* faites, *lisez :* fournies.

126 — 11, *au lieu de* on les vanne et on les conserve,
             lisez : on vanne et l'on conserve le grain.

129 — 1, *au lieu de* pour, *lisez :* à.

AVANT-PROPOS.

———

Les contrées naturellement peu fertiles entrent les dernières dans la voie des progrès agricoles. L'Autunois présentait à cet égard, il y a peu d'années, l'aspect le moins satisfaisant.

A cette époque, quelques amis de l'agriculture, doués, sinon d'une science bien profonde, du moins de zèle et de persévérance, entreprirent la tâche laborieuse de régénérer, dans ces campagnes arides et désolées, la culture et le cultivateur.

La Ferme-école de Tavernay fut créée, dans ce but, par la Société d'agriculture d'Autun, qui voulut bien m'en confier la direction.

Cette Ferme-école a reproduit tous les procédés de culture que j'avais précédemment expérimentés, pendant douze années, dans une propriété voisine.

Après neuf ans d'exploitation, la Ferme de Tavernay liquide et apure ses comptes avec un bénéfice notable pour la Société qui la fonda. Un nouveau fermier, parfaitement solvable, s'est chargé d'en continuer pendant un long bail le mode de culture, en accroissant de plus du tiers le prix annuel des fermages imposés à la Société ainsi qu'au fermier qui l'avait précédée.

Cette double solution est assez peu ordinaire pour mériter quelque considération. C'est, au reste, le seul titre que je puisse présenter, avec les vingt-cinq ans de ma carrière agricole, à la confiance de mes confrères en agriculture.

Je n'ai point la prétention de leur offrir un traité complet sur la matière, mais simplement un résumé, fort succinct (quoique je craigne bien de le voir trouver encore trop long), des Notes agricoles que j'ai publiées sous les auspices de la Société d'agriculture d'Autun, et que je tâche de compléter par des développements que ne permettait pas la concision obligée des Comptes-rendus de chaque fin d'année.

L'AGRICULTEUR PRATICIEN.

PREMIÈRE PARTIE.

CHAPITRE Iᵉʳ

APERÇU DE LA STATISTIQUE AGRICOLE DU PAYS
ENVIRONNANT LA FERME-ÉCOLE DE TAVERNAY.

Présenter aux cultivateurs des essais et des opérations agricoles, sans leur expliquer sur quelle
nature de terrains, dans quelle contrée, sous l'influence de quelles circonstances ont été obtenus
les résultats, serait les exposer à des erreurs fu-
nestes. Ceux, par exemple, qui jugeraient convenable d'adopter le mode d'exploitation, les procédés de culture pratiqués à la Ferme-école de
Tavernay et déjà répandus sur divers points de

1

l'Autunois, réclameront des explications qu'il est indispensable de leur donner.

L'arrondissement d'Autun, situé au centre de la France et au nord du département de Saône-et-Loire, possède un territoire considérable et très varié, de hautes montagnes granitiques et calcaires, de riantes vallées, des plaines étendues, de nombreux cours d'eau, une température moyenne, cependant plus froide que chaude. Ses inépuisables carrières de pierres calcaires, malheureusement réparties peu régulièrement, se trouvent presque toutes à l'est de son territoire.

De ce côté, l'on rencontre les vignobles du Couchois. Des terres granitiques, argilo-siliceuses et calcaires, s'améliorant les unes par les autres, et recevant à peu de frais, vu la proximité des houillères, le puissant amendement de la chaux vive, commencent la fertile contrée du Chalonnais et de la Bresse, où croissent à l'envi les froments, le maïs et les plantes oléagineuses.

Au nord-est, les mêmes avantages, moins l'étendue des vignobles, appliqués à des terrains d'aussi bonne qualité, forment, dans le canton d'Epinac, la transition au riche territoire de la Côte-d'Or.

On trouve, au sud, les terrains siliceux ou argilo-siliceux des cantons de Mesvres, Issy-l'Evêque et Montcenis. Sur quelques points de ces cantons, on commence à employer la chaux de leurs rares gisements calcaires, ou celle qu'y amène le canal du Centre avec les houilles de Montchanin. Là, des pâturages naturels, bordés d'abondants cours d'eau, annoncent le voisinage du Charollais.

Au nord et au nord-ouest, enfin, les cantons d'Autun, Lucenay et St-Léger-sous-Beuvray, véritables sites du Morvan, dont ils présentent la surface profondément accidentée, laissent aisément reconnaître qu'ils ne sont, en grande partie, qu'un démembrement de cette immense et intéressante contrée.

C'est dans cette dernière partie de l'arrondissement que la Ferme-école de Tavernay a porté les lumières et les perfectionnements de l'agriculture améliorante. Il convient donc de lui donner une attention plus particulière.

Les terrains de cette division sont argilo-siliceux dans les plaines, à sous-sol de gravier ou de roche primitive sur les pentes et sur les montagnes. Ils sont généralement granitiques et dépourvus de calcaire, si ce n'est à l'extrémité orientale et de l'autre côté de la ville d'Autun, où la commune de Curgy fournit abondamment une chaux grasse d'excellente qualité.

Sur certains sommets élevés, des buissons et des bruyères séculaires, soumis à la lente décomposition du temps, sans éprouver l'influence d'une humidité permanente, ont formé la terre de bruyère, substance noire et sèche, composée d'humus ou terre végétale et de sable fin. Ce mélange est peu favorable à la végétation, à moins qu'on n'y ajoute certaines substances qui donnent quelque cohésion à ses molécules trop divisées. Dans quelques vallées dépourvues de pente et d'écoulement, les débris des végétaux, continuellement enveloppés d'eaux stagnantes, n'ont pu se décomposer et sont restés à l'état de tourbe, sorte de terre qui se rencontre souvent dans les pays froids ou tempérés, mais presque jamais dans les pays chauds, où manque la condition d'une humidité prolongée.

Sur la terre de bruyère, végètent, avec les bruyères, quelques arbustes ou arbres rabougris; les terrains tourbeux sont des prés aigres, ou de mauvais pâturages.

Ces divers terrains, la plupart très peu fertiles, subissent, de temps immémorial, le régime auquel les a jugés propres une population fort arriérée en agriculture.

Les terrains à bruyères, n'ayant que quelques centimètres d'épaisseur et reposant sur des roches ou du gravier primitifs, sont abandonnés à eux-mêmes et parcourus par quelques vaches et des moutons qui broutent les jeunes pousses de la bruyère.

Quelquefois, sur les parties les moins inclinées et sur les plateaux où la terre de bruyère a pu s'accumuler et prendre une épaisseur plus considérable, on arrache et l'on brûle les bruyères; puis, après un labour superficiel, on sème du sarrasin, que féconde la cendre des végétaux brûlés. Cette culture se renouvelle pendant quelques années et jusqu'à ce que le sarrasin cesse de croître; alors, on laisse revenir les bruyères, qui donnent un pâturage un peu meilleur tant que les tiges n'ont pas repris une consistance ligneuse trop sèche et trop dure.

Les autres terrains, très montueux, de nature granitique ou siliceuse, à sous-sol primitif de roche et de gravier, sont d'un accès difficile ; il n'est guère possible d'y conduire des engrais, qu'on ne possède pas d'ailleurs en quantités suffisantes.

Après un repos de quelques années, on leur donne deux à trois labours en travers de la pente ; on y répand, lorsqu'on en a les moyens, quelque peu de chaux (car nos montagnards font cet usage de la chaux depuis des siècles), ou de cendres de bois lessivées ; on y sème du seigle, qui rend deux à trois grains pour un. On recommence ainsi tous les deux ans, jusqu'à ce que le grain refuse de végéter ; ensuite, le sol se repose de nouveau pendant un temps indéterminé. Mais, durant cette période de culture, la terre végétale, entraînée par les pluies et les orages, est descendue dans les vallées, où les prés et les champs se trouvent encombrés d'une masse incultivable de pierres et de gravier.

Dans la plupart des terres de plaine ou légèrement inclinées, de nature granitique, siliceuse ou argilo-siliceuse, ayant une couche arable de 15 à 20 centimètres d'épaisseur, à sous-sol graveleux ou argileux, une récolte de seigle est invariablement ramenée tous les deux ans. Cette récolte est précédée d'une jachère complète, de trois labours, deux hersages, et fécondée par une faible fumure d'engrais d'étable.

Les meilleures de ces terres, celles où règne une certaine humidité, sont conservées incultes, se couvrent spontanément d'une herbe courte et en même temps de genêts, de ronces, d'épines noires et autres arbrisseaux inutiles. Ces terres, d'un très mince produit, désignées sous le nom de *pâtures,* sont en effet pâturées toute l'année par les bestiaux, qui trouvent à peine assez de nourriture pour n'y pas mourir de faim. Après un repos de huit à dix ans, le gazon en est retourné par la charrue, et de l'avoine y est semée pendant deux à trois années consécutives. Alors recommence le gazonnement spontané, que le changement de régime maintient quelque temps, et jusqu'au retour des genêts, dans un état de végétation un peu plus vigoureux.

Quelques parcelles de ces terrains, que leur

proximité des habitations a permis de soigner davantage, de fumer plus abondamment, de couvrir des boues de chemins et des curures de fossés, sont soumises à un assolement biennal de pommes de terre ou autres plantes sarclées, suivies d'un froment. Ces parcelles de terrain se nomment des *ouches :* ou bien elles portent régulièrement chaque année une récolte de chanvre ; ce sont les *chenevières*.

Enfin, les prés, qui composent rarement le cinquième et quelquefois le dixième seulement des terres cultivables, occupent le fond des vallées, le bord des rivières et des ruisseaux. Ils sont traités avec une incurie déplorable : dans les parties les plus basses, l'eau stagnante les baigne six mois de l'année, tandis que les parties élevées sont abandonnées à leur aridité naturelle. Sur les unes et les autres, les irrigations sont nulles aux époques où elles seraient indispensables, ou conduites d'une manière inintelligente et nuisible. Comme ces prés sont sans cesse broutés et piétinés par le bétail, depuis les fauchaisons jusqu'au mois de mai, ils finissent par ne produire que des plantes de marécage.

On conçoit qu'avec de semblables fourrages les bestiaux ne soient pas de belle qualité : cependant, grâce à la pureté de l'air et des eaux, à l'emploi des pailles d'avoine et autres céréales comme nourriture supplémentaire, on voit encore quelques bœufs passables.

Les animaux de culture sont exclusivement ceux de la race bovine; les bœufs dans la plaine, et, sur les montagnes, les vaches avec quelques bœufs de petite taille.

Outre la race bovine, on élève de petits moutons qui vivent sur les champs dépouillés de leurs récoltes, ou sur les terres incultes, et des cochons assez nombreux, destinés aux besoins de la localité ou au commerce.

Les bâtiments d'habitation et d'exploitation sont misérables, couverts en paille, mal éclairés, point aérés, bas et humides.

Les propriétés rurales sont cultivées soit par des fermiers, qui paient leurs fermages en argent; soit par des métayers, qui exploitent à moitié fruits, profits et pertes ; soit par les petits propriétaires eux-mêmes. Les fermiers et métayers reçoivent du propriétaire un capital de bestiaux de culture et de rente.

Les cultivateurs et les manœuvres ne mangent que du pain de seigle, rarement dépouillé du son. Les pommes de terre entrent pour moitié dans leur alimentation; deux fois par jour ils mangent de la soupe à peine assaisonnée de quelques fragments de lard ou d'un peu d'huile, de sel et le plus possible des légumes du jardin et de l'ouche.

Telle est, ou plutôt telle était, il y a très peu d'années, la situation agricole de cette partie de l'Autunois, au centre de laquelle la Ferme-école de Tavernay est venue combattre la routine et donner l'exemple de pratiques plus rationnelles; contrée ayant ses analogues sur tous les points de la France où l'agriculture est arriérée et dont le sol est granitique ou n'est pas entièrement calcaire.

Il est juste de reconnaître que cette situation n'est plus tout-à-fait la même; qu'une louable émulation commence à pénétrer parmi les populations agricoles de l'arrondissement d'Autun, et que les progrès qui en résultent prennent chaque année plus d'extension et d'importance.

CHAPITRE II.

CONSTRUCTION ET ORGANISATION DE LA FERME.

L'agriculteur qui achète un domaine, ou qui le recueille dans la succession paternelle, en tire le meilleur parti possible, se bornant à le modifier selon ses moyens et ses ressources ; mais s'il se trouve en position de construire et de créer une ferme, une exploitation rurale, il doit observer certaines règles fondamentales, dont l'application influera beaucoup sur la prospérité future de l'entreprise.

Avant de commencer aucune construction, il tâchera de se rendre compte de toutes les circonstances de localité. Il ne se laissera point déterminer par des motifs futiles tels que la proximité d'un village, l'aspect d'un beau site, l'existence antérieure au même lieu d'anciens bâtiments ; mais bien par une position saine, par la possibilité d'abreuver en tout temps son bétail à une eau courante et limpide. Il recherchera le centre des terres à cultiver et une disposition du terrain telle qu'au moyen soit d'un ruisseau, soit des eaux pluviales amassées dans un réservoir, il puisse diriger aisément sur les prés la partie liquide de ses fumiers.

Section 1re. — *Des bâtiments de la Ferme.*

Les bâtiments occuperont un terrain légèrement incliné ; la *maison d'habitation* aura ses principales ouvertures au sud ou à l'est, avec vue sur les granges et les étables. On arrivera par un escalier de quelques marches au rez-de-chaussée, qui n'aura pas moins de 2^m,66 d'élévation ; au-dessus règnera un grenier et, s'il est possible, au-dessous une cave.

Il faut que la grange soit vaste, puisqu'elle doit recevoir le gerbier et contenir le plus possible des récoltes de céréales. Si l'exploitation comporte une machine à battre, elle sera placée dans l'intérieur de la grange, et son manège sous un hangar contigu. Il n'en faudra pas moins établir dans la grange une aire en argile, sur laquelle on battra au fléau les épis tombés des gerbes et différentes récoltes qu'on égrène mal à la machine, tels que haricots, pois, fèves et même le sarrasin. Il est aussi très important de ménager dans la grange un espace vide, afin d'abriter les chars rentrés à l'approche d'un orage.

Si l'on adopte l'usage, le plus généralement répandu dans nos contrées, d'attacher le bétail aux crèches fixées le long des murailles des deux côtés opposés, l'*étable à bœufs* aura 8 mètres de largeur ainsi répartis : aux crèches, surmontées de râteliers, chacune 1^m ; aux deux espaces où séjournent les bœufs, ayant une pente d'un centimètre par mètre, chacun $2^m,34$; trottoir rebombé, séparant les animaux et bordé de deux rigoles, $1^m,32$. Chaque bœuf doit avoir un espace de $1^m,66$ en largeur pour se mouvoir et se coucher. L'étable sera pavée, et aura $2^m,33$ d'élévation.

Il sera pratiqué au plancher, le long des murs, tous les 3 à 4 mètres, des ouvertures de 16 centimètres en carré, auxquelles s'adapteront de petits conduits en planches, correspondant à des trous ménagés dans le mur au-dessus du plancher, afin de renouveler l'air intérieur qui, sans cette précaution, est nuisible à la santé du bétail et à la qualité des fourrages entassés sous les combles. Il y aura des fenêtres vitrées au-dessus des râteliers, du côté opposé au vent de pluie ; elles seront placées le plus haut possible et immédiatement au-dessous du plancher, afin que la lumière ne donne pas directement dans les yeux des animaux. Les râteliers seront presque perpendiculaires, peu élevés, garnis, au bas et intérieurement, d'une planche inclinée en avant, qui facilite la chute des poussiers et débris de fourrage dans la crèche.

Les crèches, posées sur un massif de maçonnerie, seront garnies par-devant de forts plateaux maintenus par des glands ou blocs de pierre ou de bois, solidement enfoncés en terre. Elles auront leur fond, légèrement concave, pavé de briques ou carreaux, qu'on puisse laver et nettoyer aisément.

L'un des angles de l'étable restera inoccupé pour servir d'abat-foin et de méloir. Dans un angle opposé sera placé un lit, où couchera, sans jamais y manquer, un homme chargé de surveiller le bétail, et de prévenir, pendant la nuit, les accidents auxquels ne sont que trop exposées les bêtes à cornes. Un petit râtelier, appliqué au mur, sera destiné à recevoir les harnais, jougs, aiguillons, aussitôt que les animaux seront dételés.

Les portes de l'étable, à deux battants, larges de 1^m,66, pour que les bœufs puissent être mis au joug avant de sortir, ouvriront sur les pignons, afin que, dans le cas d'incendie, l'aspect des flammes et la chute des toits n'empêchent pas le bétail de sortir. On ne donnera pas moins de 2^m,66 de renchaussement aux murs par-dessus les planchers.

L'étable des vaches réunira les mêmes conditions que celle des bœufs, mais on pourra en diminuer la largeur d'un mètre environ.

La *bergerie*, ou écurie des moutons, aura, vis-à-vis l'entrée, de larges ouvertures garnies intérieurement de volets destinés à renouveler l'air et pouvant se fermer pendant les froids rigoureux ou la parturition des brebis. Au milieu, ou le long des murs, seront disposés des râteliers garnis au bas de petites auges en bois et susceptibles d'être haussés ou baissés, en glissant dans des anneaux de bois ou de fer, selon l'épaisseur du fumier qui ne s'enlève que deux à trois fois par an.

L'*écurie des porcs* sera divisée en plus ou moins de compartiments selon que l'importance de l'exploitation permettra de tenir des truies et leurs petits nourrissons, des cochons plus forts, des porcs à l'engrais. La disposition la plus avantageuse pour les uns et les autres sera la suivante : 1° un couloir de 1^m,33 de largeur, ouvrant du côté de l'habitation ; 2° des loges situées des deux côtés du couloir, ayant chacune leur issue particulière sur une petite cour abritée par quelques arbres. Les loges seront séparées du couloir par une cloison en planches, percée d'ouvertures, dont on diminue à volonté la dimension en levant ou abaissant une planche qui glisse en une coulisse, et par lesquelles chaque animal passe la tête et prend sa nourriture dans des auges de bois ou de pierre placées sous les ouvertures, des deux côtés et à l'intérieur du couloir.

Il y aurait bien encore à parler de l'écurie des chevaux et des toits à volailles, mais les premiers ne sont pas un accessoire indispensable de nos fermes, et les volailles sont logées dans tous les recoins et réduits de la basse-cour.

Un hangar, proportionné à l'importance de la ferme, est d'une extrême utilité pour la conservation des chars et instruments aratoires ; on l'établira sur des piliers en bois ou en pierre. On pourra tirer parti des combles de ce hangar en y entassant la paille après les battages.

Les antiques toits de paille présentent de tels dangers, qu'il faut, autant qu'on peut, leur substituer des toitures en tuiles, lesquelles, en définitive, ne coûtent guère plus cher. Cependant, comme ces dernières laissent pénétrer à l'intérieur la neige et quelquefois la pluie, au grand préjudice des fourrages principalement, on s'en préservera complètement par un moyen fort simple, à la portée de toutes les bourses et de toutes les intelligences ; lequel consiste à placer sous les tuiles, entre les chevrons, une épaisseur de quelques centimètres de paille de glui, ou paille non brisée, l'épi en haut

et se recouvrant de haut en bas comme les tuiles
elles-mêmes, depuis le sommet jusqu'aux sablières.
On la soutient et on la fixe par de petites baguettes
clouées transversalement sous les chevrons et espacées de 16 centimètres. Un demi-kilogramme de
paille garnit une surface de 66 centimètres (2 pieds)
carrés. [1]

Sans doute il ne sera pas possible de suivre exactement, en toutes circonstances, les indications qui
précèdent ; mais on peut dire qu'il y aura toujours
avantage à s'y conformer ou du moins à s'en rapprocher.

Section 2e. — Capital d'exploitation.

Il ne suffit pas à celui qui se met à la tête d'une
entreprise agricole de grande culture d'avoir l'ins-
truction et les connaissances de sa profession ; il

---

[1] Je recommandais ce procédé à la Société d'agiculture d'Autun, dans mes Notes agricoles de 1841; j'en avais fait un essai
qui m'avait parfaitement réussi. Depuis lors, cette légère toiture
intérieure n'a pas subi la moindre dégradation, et, comme au
premier jour, ne laisse pénétrer ni la neige ni une seule goutte
de pluie.

doit en outre posséder quelque aisance et des fonds immédiatement disponibles pour acheter ou compléter le mobilier de sa maison, son attirail de culture et son capital de bétail. Il ne doit point compter sur les profits et sur des ressources non réalisés, pour payer, pendant la première année, les dépenses de ménage, les gages des domestiques, la nourriture des animaux, l'achat de semences, d'engrais, d'amendements, et, s'il est fermier, au moins la moitié de ses loyers et fermages.

Voici ce qu'il lui est indispensable d'avoir ou de se procurer pour l'exploitation d'un domaine de 55 à 65 hectares d'étendue, à peu près semblable à la Ferme-école de Tavernay, c'est-à-dire, un peu au-dessus de la moyenne des fermes de l'Autunois :

1° S'il n'est déjà possesseur d'un mobilier, s'il doit l'acheter, il ne lui coûtera pas moins de 750 francs.

2° L'attirail de culture ne doit comprendre d'abord que le strict nécessaire. Il est beaucoup d'instruments dont on ne saurait faire usage qu'après de lentes et nombreuses améliorations ; mais, dès le principe, il faut avoir deux chars à quatre roues,

garnis, à volonté, de claies ou de planches; un
tombereau ; une charrette ; trois charrues à avant-
train ; une petite charrue-buttoir sans avant-train ;
deux herses, l'une à dents de fer et l'autre à dents
de bois ; quatre jougs de bœufs et deux jougs de
vaches, garnis de leurs courroies ; un tarare ; un
van d'osier ; un coupe-racines ; une brouette ; une
civière ; un boisseau ; une meule à aiguiser; six
chaînes ou collets en fer pour les bœufs ; 15 collets
en fer pour les vaches et les jeunes bêtes bovines;
4 pelles de fer, 2 pics, 6 pioches, 2 bêches, un râteau
à dents de fer, 2 fourches de fer; 3 faulx avec leurs
enclumes et pierres à aiguiser ; 2 cueille-trèfles [1] ;
6 faucilles, 2 étrilles, 2 cardes, et quelques autres
petits outils ; le tout en valeur de 800 à 1,000 fr.

Ces divers objets ne seront point tous achetés
neufs ; quelques-uns pourront se trouver d'occa-
sion ; mais, s'il est bien d'user d'une sage économie,
on ne doit jamais lui sacrifier la bonne qualité. Les
chars, tombereaux et charrettes auront des essieux
en fer, ce qui leur assure une longue durée et mé-

---

[1] Voyez la description de ce petit instrument, à la 2e partie,
chap. 3.

nage beaucoup les forces des animaux de trait.

Deux des charrues seront des charrues de Roville-américaines, moyen modèle, à bâtis, versoir et sep (denteau) en fonte ; talon du sep mobile, fixé avec des écrous, afin d'être changé lorsqu'il est usé par le frottement ; coutre en fer ayant son sommet incliné en arrière ; age ou timon en bois, cintré, de $2^m,83$ de longueur portant sur l'avant-train. L'age est surmonté d'une petite crémaillère en fer, placée à $0^m,58$ de l'extrémité antérieure, pour régler l'entrure de la charrue. Le soc, en fer aciéré, est fixé au sep par des écrous.

Ce modèle de charrue est aujourd'hui tellement répandu et connu, qu'il est inutile de le décrire plus longuement ; on le trouve partout. Nos cultivateurs ont modifié son age ; ils l'ont cintré pour éviter l'encombrement, et ils ont adopté l'avant-train par les motifs qui seront expliqués au chapitre des labourages.

La troisième charrue sera l'araire du pays, dit *charrue à joints,* également à avant-train, bâtis en bois, versoir ou planchette en bois, mobile, se changeant de côté à chaque tour.

La petite charrue-buttoir est sans avant-train, à deux versoirs ou planchettes en bois, à soc pointu et régulateur.

Les herses seront triangulaires ou carrées, à dents de fer, suffisamment espacées pour opposer moins de résistance, et combinées de manière à ce qu'aucune d'elles ne passe dans le trait des autres.

Lorsque les profits de l'exploitation en donneront les moyens, surtout lorsque l'ameublissement du sol le permettra, il sera temps de se procurer les instruments perfectionnés. On aura alors le *rouleau,* cylindre massif s'il est en bois, creux s'il est en fer, de 1ᵐ,50 de longueur, sur un diamètre de 0ᵐ,60, dont on augmente le poids au moyen d'une caisse fixée au-dessus du rouleau et se chargeant à volonté ;

L'*extirpateur,* espèce de herse à dents horizontales, triangulaires, remuant la terre à une faible profondeur, très propre à donner une dernière façon dans un sol déjà labouré ;

Le *scarificateur,* extirpateur modifié, à socs ou pieds aigus, recourbés en avant, et d'un effet plus énergique ;

La *houe à cheval*, petite charrue armée, en avant, d'un soc horizontal triangulaire, et, par derrière, de coutres recourbés en dedans, adaptés à deux bras mobiles, qu'on éloigne ou qu'on rapproche selon la distance des plantes en ligne qu'on veut nettoyer et cultiver ;

Le *rayonneur*, autre espèce de herse munie de pieds, qu'on espace à volonté, et au moyen desquels on trace les lignes qui doivent être parcourues par les semoirs, ou recevoir des plantes en rayons ;

Les *semoirs*, instruments compliqués et coûteux, encore inusités dans nos pays, mais qui économisent la semence en plaçant les grains à des distances régulières et à la même profondeur ;

Les *coupe-racines*, d'un usage journalier, mais trop chers; dont l'un, cependant, usité à la Ferme de Tavernay et dans les environs, est d'un prix modique et fonctionne bien ; [1]

Les *hâche-pailles*, instruments quelquefois fort

---

[1] Il consiste en une trémie au fond de laquelle tourne un cylindre formé par 6 à 8 couteaux, dont deux s'ouvrent pour laisser tomber les fragments de racines et tubercules.

utiles, mais peu répandus à raison de leur prix;

Enfin la machine à battre.

3° Il ne sera pas moins essentiel de réunir les bestiaux de rente et de travail d'abord indispensables. Il ne peut y avoir moins de 6 bœufs, 2 châtrons de deux ans, 2 taureaux d'un an à quinze mois, 6 vaches avec leurs veaux, 40 moutons ou brebis, une truie et quelques cochons. On y ajoutera, s'il est possible, une jument. Ce n'est point assez d'animaux, surtout de la race bovine; mais, lorsqu'on prend une exploitation, il est rare qu'on la trouve bien approvisionnée de fourrages : il sera prudent d'attendre la prochaine récolte pour accroître le capital qui, néanmoins, dès la première année, ne sera pas au-dessous de 3,500 fr. Ordinairement la ferme se trouve garnie déjà d'un capital en valeur de 1,700 à 1,800 fr.; il resterait donc à le compléter par une mise de fonds d'environ 1,700 fr.

En supposant qu'il soit dans ces conditions, que son ménage soit déjà pourvu d'une moitié du mobilier nécessaire et des provisions d'une année, le fermier-cultivateur doit être d'avance en mesure

de payer : moitié des dépenses du ménage pendant
la première année . . . .   450 fr.

Une année de gages de trois domestiques.   400

Supplément de nourriture aux animaux   200

Achat des semences du printemps [1]. .   200

Achat d'amendements calcaires. . . .   300

Complément du capital de bétail. . .   1,700

Achat de quelques effets mobiliers et
de l'attirail de culture.   1,100

Avance de moitié des fermages de la
première année.   650
_____

Total . . . .   5,000 fr.

C'est donc une somme disponible d'environ
5,000 fr. que doit posséder quiconque a l'intention
de prendre une ferme de l'importance qui vient
d'être indiquée.

---

[1] L'entrée en possession ayant lieu en novembre, les semences d'automne ont été faites par le cultivateur sortant.

CHAPITRE III.

EXAMEN DU SOL; SIGNES PROPRES A FAIRE APPRÉCIER SES QUALITÉS.

———————

Un examen sérieux des terrains qu'on va cultiver doit nécessairement précéder les travaux d'exploitation; agir autrement, ce serait procéder en aveugle et s'exposer à des erreurs fort préjudiciables. Cette étude, au reste, exige moins de science qu'un peu d'habitude et d'esprit d'observation; il suffit de posséder quelques notions des diverses sortes de terrains et des plantes les plus communes parmi celles qui couvrent nos campagnes.

L'agriculteur tiendra surtout à connaître le *sol,*

ou partie supérieure de la terre dans laquelle croissent les plantes, et le *sous-sol* placé immédiatement
au-dessous.

Le sol se compose de substances minérales et
d'*humus*; le sous-sol ne contient que des matières
minérales.

Les principales substances minérales qui cons-
tituent le sous-sol et en grande partie le sol, sont
la chaux, l'alumine, matière onctueuse et grasse, et
la silice qui est, au contraire, sèche et légère. Si
c'est la chaux qui domine dans un terrain, il est
calcaire; si c'est la silice, il est *siliceux*; enfin, il
est *argileux* si c'est l'alumine. Chacune de ces
substances, isolée des autres, est inféconde; réunies
dans de convenables proportions et mélangées
d'humus, elles deviennent fertiles.

L'humus est un mélange de débris animaux et
surtout végétaux, décomposés par l'action du
temps. Plus que toute autre matière il contribue à
la nutrition des plantes, il ameublit les terres trop
compactes et donne du corps à celles qui sont trop
légères. Il peut aussi contracter des qualités nuisibles : dans les lieux humides, il devient aigre,

tourbeux, et ne produit plus que des plantes marécageuses ; il est trop léger et ne convient pas davantage aux plantes utiles, s'il contient trop de
feuilles de chêne ou de bruyère. Dans le·premier
cas, il doit être assaini ; dans le second, raffermi
par une addition d'argile ; dans l'un et l'autre,
l'emploi de la chaux, des cendres de bois et autres
amendements l'améliore considérablement.

Le sous-sol exerce une grande influence sur la
qualité de la terre arable : lorsqu'il est imperméable, il maintient l'eau à la superficie, noie les racines des plantes et ne leur permet plus de végéter ;
lorsqu'il est graveleux et trop perméable, les racines s'y dessèchent dès que les pluies deviennent
rares, et périssent.

Très souvent le sol et le sous-sol ont des défauts
entièrement opposés, qui se neutralisent et se corrigent par leur mélange. Ainsi, qu'un sol argileux
par excès repose sur un sous-sol sablonneux ; ou,
ce qui est si ordinaire, qu'une couche de nature légère, argilo-siliceuse, de 15 à 20 centimètres d'é-
paisseur, couvre un sous-sol argileux et compact,
le mélange de l'un avec l'autre composera une

terre assez consistante et facile à fertiliser. C'est par des défoncements et des labours profonds qu'on opèrera ce mélange.

Il est difficile et rare, néanmoins, qu'on amène le sol au juste point de consistance le plus convenable à la culture ; c'est alors à l'intelligence du cultivateur de choisir ses récoltes. Il saura que les terrains légers conviennent au seigle ainsi qu'aux plantes à racines bulbeuses ou tuberculeuses; les terres argileuses, au froment et à d'autres plantes à racines fibreuses; les terres tourbeuses, à l'orge ou à l'avoine, et les terrains calcaires, à presque toutes les plantes.

L'épaisseur de la couche arable influe beaucoup aussi sur la végétation. Lorsque, par l'effet des labours, l'eau surabondante n'est plus retenue à la surface et peut s'infiltrer profondément, que les racines se développent avec facilité, les plantes bravent la sècheresse et les pluies excessives; elles s'assimilent et utilisent jusqu'à la dernière parcelle des engrais et des amendements qui leur sont consacrés.

Les terrains siliceux absorbent beaucoup moins d'eau et la laissent évaporer beaucoup plus vite

**

que les sols argileux ou calcaires; on conçoit donc que l'addition de la chaux et de l'argile à la silice augmente la faculté absorbante et la fraîcheur de cette dernière.

La contexture et la composition du terrain ne sont pas les seuls indices de sa qualité; on peut l'apprécier à d'autres signes bien plus apparents : le sol de bonne qualité se couvre d'une herbe épaisse et vigoureuse; le terrain sec et maigre ne produit que quelques plantes rares, grêles et d'un aspect misérable.

Les espèces et les variétés des plantes ne donnent pas des indications moins sûres. Les bruyères, plusieurs laîches, le petit genêt anglais épineux (vulgairement argoulas); les mousses, les agarics qui, comme une lèpre, s'étendent en taches livides, annoncent un sol très pauvre. Le gaillet blanc, la campanule à feuilles rondes, la piloselle, l'oseille, couvrent imparfaitement un sol sec et stérile. La renoncule flamule, la cardamine des prés, les laîches, le rhinante crête de coq, la pédiculaire des bois, la renouée poivrée, les joncs, se multiplient sur une terre humide et stérile : tandis que la prèle,

le chardon lancéolé, l'ortie, l'hyèble et les meilleurs graminées fourragères indiquent un sol profond ou d'une certaine fécondité.

CHAPITRE IV.

PRÉPARATION DES TERRES.

Section 1ʳᵉ. — *Assainissement; drainage.*

Diverses opérations préliminaires doivent précéder les travaux de culture et d'amélioration des terres. D'abord, il faut en faire disparaître les eaux : il est rare qu'on ne rencontre pas assez de pente pour les faire écouler. Des fossés de ceinture, creusés autour des champs, les assainissent en détournant les eaux pluviales. Les sources et les eaux stagnantes de l'intérieur sont conduites dans ces fossés par des rigoles souterraines, assez profondes pour ne pas gêner la culture et le parcours de la charrue. L'établissement de ces rigoles couvertes se nomme drainage.

Le *drainage* consiste à ouvrir des tranchées étroites, profondes d'un mètre environ, au fond desquelles on place des tuyaux en terre cuite, posés bout à bout, ou simplement de longues tuiles creuses reposant sur des tuiles plates, ou bien de petits aqueducs en pierres, qu'on recouvre d'abord d'un peu de mousse, puis de pierrailles ou de quelques fascines, et ensuite de terre jusqu'au sommet. L'emplacement des rigoles est déterminé par l'inclinaison du sol et la situation des eaux à écouler ; on leur donne assez de pente pour empêcher les engorgements, et pas assez pour que les eaux puissent raviner.

L'assainissement par saignées recouvertes n'est pas une invention récente ; la manière de l'exécuter, non-seulement dans les prés aquatiques et dans quelques terres marécageuses, ainsi qu'on le pratiquait autrefois, mais encore dans tous les terrains peu perméables, au moyen de tuyaux en terre cuite, est d'invention nouvelle. Au nombre des

avantages incontestables que procure le drainage,
on doit compter principalement la faculté d'emblaver en tout temps, et la belle végétation qui résulte de la libre circulation des racines dans un
sol .toujours sain, où les engrais ne sont jamais
neutralisés par le séjour des eaux dormantes. Il est
à désirer qu'on puisse simplifier encore ce procédé,
jusqu'ici dispendieux, afin de le mettre à la portée
de tous les cultivateurs.

Section 2ᵉ. — *Défrichement; écobuage.*

Tous vestiges de végétaux ligneux seront arrachés des terres qu'on veut cultiver, afin d'y faciliter
partout le parcours de la charrue. S'il y existe des
arbres ou arbustes vigoureux, repoussant de leurs
racines, on devra *défricher* et enlever ces racines avec
les souches à la profondeur que doivent atteindre
les labours. S'il s'agit seulement de bruyères, de
genêts ou autres arbrisseaux peu robustes, il suffira
de les couper à la pioche, entre deux terres, pendant la gelée ; leurs racines ne seront point un
obstacle suffisant pour arrêter la charrue.

Les anciennes taupinières et fourmilières, ainsi que les petites inégalités du terrain, seront de même enlevées et serviront à combler les cavités voisines.

S'il existe, à la surface, des pierres assez grosses ou assez nombreuses pour entraver les mouvements de la charrue, elles seront ramassées pendant les chômages des travaux de la campagne, et employées utilement à la réparation des chemins.

Lorsque, par suite d'un long abandon ou de la négligence de précédents cultivateurs, le sol s'est couvert, indépendamment des bruyères, genêts et autres arbrisseaux inutiles, d'un amas confus et épais de plantes grossières et de mousses, on pratique très avantageusement un autre mode de défrichement, l'*écobuage*.

Ecobuer un terrain, c'est en enlever les gazons avec une pioche, une pelle en fer ou une charrue. Les gazons, coupés à la longueur de 0^m,33, sont dressés deux à deux, l'un contre l'autre, afin de les faire dessécher plus promptement aux rayons du soleil d'août; après quoi l'on en forme des tas d'un mètre de hauteur, creux en dessous pour y

recevoir quelques brindilles de bois sec. On y met
le feu, qui brûle à l'étouffée, et réduit le tout en
cendres mélangées d'argile qu'on étend sur le sol
dépouillé, immédiatement avant de l'ensemencer
en céréales.

L'écobuage convient principalement aux terres
argileuses, tourbeuses, ou argilo-siliceuses, qu'il
ameublit et féconde merveilleusement, plus qu'aux
terrains siliceux et légers, à sous-sols graveleux,
qu'il risque d'épuiser. Dans tous les cas, il faut
craindre de répéter trop souvent l'emploi de ce
moyen ; surtout ne pas manquer, après en avoir
usé, d'en entretenir et continuer l'excellent effet
par des engrais et une culture améliorante.

Section 3e. — *Culture, labours, hersages, roulages.*

Beaucoup de terres, considérées comme stériles,
ne doivent leur apparente infécondité qu'à l'insuffisance des labours et des cultures qu'elles ont toujours reçus. Les anciens cultivateurs, convaincus
que les substances composant le sous-sol, argile,
tourbe, gravier, schiste, ne pouvaient que nuire à

leurs récoltes, se gardaient bien de pénétrer au-
delà de la couche arable. La réflexion aurait dû
cependant leur démontrer que cette couche superficielle avait été, dans l'origine, de la même nature
que le sous-sol, et n'avait été modifiée que par le
contact de l'air et par son mélange avec les débris
des plantes qui s'y étaient succédé. Les charrues
de nos pères, appropriées à leur manière de voir,
traînées par des bestiaux de petite taille, ne creu-
saient le sol qu'à une faible profondeur. Les récoltes, croissant sur des terres ainsi préparées, ne
donnaient ni beaucoup de grains, ni des pailles
ou fourrages abondants; les fumiers et engrais
recueillis dans les fermes ne l'étaient pas davantage. Toutes ces circonstances s'enchaînaient invariablement pour perpétuer une misérable situation
agricole.

L'expérience a prouvé que, moyennant l'emploi
de quelques amendements, le sous-sol, ramené à
la surface, a bientôt contracté les qualités du sol.
Néanmoins cette amélioration du sous-sol ne s'o-
père qu'avec le temps; comme il est improductif
de sa nature, soulevé en trop grande quantité, il

rendrait le sol également improductif. Le mélange
doit s'effectuer graduellement; et c'est ce qu'on
obtient à l'aide de plusieurs charrues nouvelles,
plus puissantes que les anciennes.

Parmi ces instruments perfectionnés, la *charrue
Dombasle* ou *de Roville,* à soc américain, est la
plus répandue et doit être citée comme type, parce
qu'elle a servi de modèle à beaucoup d'autres, qui,
quoique plus compliquées, ne lui sont pas supérieures. On peut, au surplus, adopter toute charrue
qui, sans exiger une trop grande force de traction,
creuse la terre à 30 ou 33 centimètres de profondeur, la verse bien et en laboure 30 à 40 ares dans
la journée.

Les cultivateurs de l'Autunois, en adoptant la
charrue Dombasle, lui ont fait subir un double
changement; ils ont allongé l'age et l'ont ajusté
sur un avant-train. Lorsque deux chevaux de front,
ou deux bœufs attelés au joug labourent seuls un
sol léger, la charrue peut être employée sans avant-
train : on ne le peut guère pour un défoncement
ou un labour de 25 à 30 centimètres de profondeur, dans un terrain consistant. Quand on est

obligé d'employer deux ou trois jougs de bœufs,
les deux animaux placés au timon portent tout le
poids de la charrue, se font traîner, retardent le
labourage et sont exténués de fatigue. Outre cela,
si le sol n'est point parfaitement uni, s'il est mélangé de cailloux, le soc éprouve des secousses,
s'échappe et sort de la terre : tandis qu'avec un
avant-train sur lequel pose l'age prolongé, garni
d'une petite crémaillère en fer recevant l'anneau
du *timonet,* et qui est destinée à graduer l'entrure
du soc, le laboureur, maître de sa charrue, trace,
sans se donner de peine et presque sans fatigue,
des sillons bien alignés et partout d'une égale
profondeur.

On se sert même de la charrue simple, à age
court, avec ou sans avant-train : pour le premier
mode, on ajoute à l'age un prolongement mobile,
au moyen de deux cercles de fer et d'une cheville.
Dans ce cas, le régulateur est supprimé et suppléé
par la crémaillère de l'age prolongé.

Certaines charrues renversent le sol sens dessus
dessous; d'autres ne font qu'incliner les tranches
de terre les unes sur les autres. Avec les premières,

les herbes retournées sont pressées sur la terre, et, se trouvant préservées du contact de l'air, se décomposent difficilement. Il n'en est pas de même avec les secondes; les bandes de terre, seulement inclinées les unes sur les autres, sont exposées à toutes les influences extérieures, s'imprègnent des divers gaz, s'ameublissent aisément sous les dents de la herse, et le sol acquiert une fertilité que double encore la puissance des engrais et des amendements.

Les labours exercent en effet deux actions distinctes sur le sol. Ils le divisent et le disposent à recevoir et protéger les semences et les racines des plantes; ils le fertilisent en enfouissant les végétaux produits spontanément à sa surface, ainsi que les restes et les débris des récoltes qui l'ont couvert.

L'efficacité des labours est très variable selon l'époque à laquelle ils sont exécutés et les circonstances qui les accompagnent. En principe, et sauf un très petit nombre d'exceptions, il ne faut point labourer une terre fortement mouillée ; de fâcheuses conséquences s'en font sentir quelquefois pendant plusieurs années. Un seul labour, fait dans de

bonnes conditions, produit souvent plus d'effet que
deux et trois donnés mal à propos, par exemple à
un terrain détrempé par la pluie. Un profond labour d'automne, suivi des gelées et des dégels de
l'hiver, un labour de printemps dans une terre
convenablement desséchée, l'ameublissent pour
longtemps, économisent les binages et autres opérations coûteuses. Il faut, à cet égard, un discernement que donne seule une longue expérience. Les
labours d'automne peuvent demeurer inutiles, ou
devenir nuisibles, par un tassement excessif, dans
un terrain argilo-siliceux où domine l'argile,
lorsque l'hiver est très pluvieux et si l'on n'a pas
multiplié les raies d'écoulement. Ces sortes de terre
s'assainissent très lentement au printemps; mais
il faut bien se garder alors des labours prématurés,
auxquels on est trop disposé en voyant s'écouler
l'époque la plus convenable aux semailles de mars.

Il y a, au contraire, nécessité d'attendre la pluie
en automne pour commencer les labours de semailles; sans quoi, les semences, du froment surtout,
subissent une demi-fermentation dans la poussière,
sans pouvoir germer désormais. On ne doit pas

attendre non plus que les pluies prolongées aient détrempé le sol, car alors on aurait à redouter le frottement de la herse, le piétinement des animaux de trait et la difficulté qu'éprouveraient les germes naissants du grain à percer une couche de boue. Il faut, par un temps pluvieux, ne labourer et préparer que ce qu'on peut ensemencer et herser chaque jour.

Cependant l'humidité du sol est loin de présenter les mêmes inconvénients pour les labours d'automne que pour ceux du printemps. La température constamment humide de l'arrière-saison et la continuité des pluies de l'hiver ne permettent pas à la surface de durcir et de former une croûte impénétrable avant que les plantes aient acquis une force capable d'y résister. Heureusement il en est ainsi ; car, aux approches de l'hiver, on n'a pas, comme au printemps, la faculté d'attendre un temps meilleur, avec la possibilité de renouveler encore une semaille manquée.

Il faut remarquer que les terrains légers et sablonneux craignent peu d'être labourés trop humides ; qu'il en est de même des terres calcaires, pour lesquelles existe, plus que pour toutes autres, la nécessité d'attendre la pluie avant de leur confier la semence des céréales d'hiver.

Souvent, en automne, les pluies sont tardives, et, s'il fallait les attendre pour labourer, on courrait risque d'être surpris par l'hiver et de manquer les semailles. Il est donc nécessaire de retourner les prairies artificielles, qui font la moitié des emblavures, dès qu'approche l'époque des semailles, afin de profiter des premières pluies pour les exécuter. Il est même avantageux, dans ce cas, de laisser reposer et tasser la terre labourée, et de l'exposer, pendant huit à dix jours, à l'influence de l'air, de la rosée et du soleil, avant de l'ensemencer ; on ne risque rien, par conséquent, d'attendre la pluie pour semer et herser.

La profondeur des labourages est subordonnée au but qu'on se propose. Si l'on entreprend d'améliorer et de défoncer une de ces terres, très communes, à sol peu profond, à sous-sol argileux ou autre, pourvu que ce ne soit pas le rocher, une charrue solide, attelée de plusieurs couples d'animaux, va creuser le sous-sol à plus ou moins de

profondeur, selon son degré d'infertilité, la qualité
des amendements et la quantité d'engrais dont on
peut disposer. Lorsqu'on n'est pas assez fort d'attelage, on peut employer deux charrues se suivant
dans le même sillon ; la première retourne le sol et
l'autre, ayant plus d'entrure, amène le sous-sol à
la surface. Les défoncements se font avantageusement avant l'hiver, ou de très bonne heure au
printemps, afin d'exposer le sous-sol à la gelée, à
l'air, le plus longtemps possible, avant de donner
un second labour et d'emblaver.

Un premier défoncement ne pénètre pas ordinairement à la profondeur qu'on veut atteindre.
Au second ou au troisième, renouvelé à chaque
rotation de culture, on va toujours un peu plus
bas, jusqu'à ce qu'on ait donné au sol arable une
épaisseur de 33 centimètres au moins. L'amalgame
des divers éléments du sol et du sous-sol se fait
ainsi graduellement; et, par l'emploi simultané des
amendements et engrais, les terres les plus ingrates
deviennent propres à donner des produits dont on
ne les aurait pas jugées susceptibles.

Les labours qui suivent un défoncement, ceux

qui préparent et précèdent immédiatement l'ensemencement des céréales, n'ont pas plus de 15 à 20 centimètres. Lorsqu'on retourne les prairies artificielles pour les semer en céréales, il importe de pénétrer moins profondément encore, pour que la semence se trouve en contact avec les racines et les tiges décomposées des plantes fourragères. Pour la même raison, le trait de charrue qui enfouit un parc de moutons ou des amendements et des fumiers ne doit être que très superficiel, pour ne pas mettre les matières fertilisantes hors de portée des racines et des plantes.

Lorsqu'un champ est infesté par des plantes à racines très vivaces, comme l'avoine à chapelets ou le chiendent, des labours profonds, par la gelée ou la sècheresse, les font plus sûrement périr.

Quand on met la charrue dans un champ où il n'existe aucun vestige d'anciens sillons, ou lorsqu'on veut les rectifier, on peut planter quelques jalons pour tracer la première enrayure; mais le laboureur expérimenté se contente de fixer un point à l'extrémité opposée et dresse son sillon sans la moindre irrégularité.

La direction des labours est ordinairement com-
mandée par la pente du terrain ; néanmoins, toutes
les fois qu'on le peut, on doit labourer du nord au
sud ; car en dirigeant les sillons de l'est à l'ouest,
le côté nord des ados est moins bien exposé et plus
tardif que le côté sud.

L'ancienne méthode des billons étroits, formés
par la charrue à joints, doit être abandonnée ; ses
avantages ne compensent pas ses nombreux inconvénients. Avec les petits billons, la moitié de la surface du sol reste inoccupée ; ils ne portent de récolte
qu'à leur sommet, et comme on les fauche très
difficilement, il n'est guère possible d'y cultiver les
fourrages artificiels. Il est bien préférable de faire
des planches de deux mètres environ de largeur,
qui assainissent tout aussi bien les terres les plus
marécageuses, se couvrent sur toute leur surface
d'une végétation uniforme, et conviennent parfaitement à la culture des plantes fourragères, qu'on
y fauche aussi facilement que sur une prairie.

Ces planches, qu'on nomme *hâtes,* se composent
de six raies de charrue au moins, et sont un peu
convexes pour faciliter l'égouttement des eaux.

Lorsqu'on les laboure, on enraie des deux côtés du sillon, de manière à adosser l'une sur l'autre les deux premières bandes de terre, et le nouveau sillon se trouve occuper la place du sommet de l'ancienne hâte.

Sur les terrains légèrement inclinés, on dirige les sillons dans le sens de la pente ; mais si la pente est trop rapide, on les trace obliquement pour qu'ils n'aient toujours qu'une inclinaison légère ; autrement, chaque sillon se ravine, et le sol ainsi que les engrais sont entraînés par les pluies dans les bas-fonds.

On se gardera bien, sur les terrains légèrement inclinés et peu perméables, de croiser un premier labour par un second en sens contraire et perpendiculaire à la pente ; l'eau ne s'égoutterait plus, et les récoltes en souffriraient pendant plusieurs années.

Les pentes se trouvent rarement assez uniformes pour que l'eau de pluie ne séjourne pas dans quelques ondulations ; il faut, dans ces dépressions de terrain, aussitôt après avoir enfoui la semence, tirer, à la charrue, tout à travers les planches, des sillons d'écoulement, qu'on cure et qu'on rectifie ensuite avec la pioche ou la bêche. Dès qu'on a fini de semer et recouvert la semence, on nettoie les sillons, en y passant une charrue à deux versoirs, pour que rien n'entrave l'écoulement des eaux.

Le soc de la charrue ne pouvant arriver directement jusqu'à l'extrême limite des champs, dont les haies et fossés de ceinture arrêtent l'attelage, il y a nécessité de labourer les bordures en travers.

Après chaque labour préparatoire, on donne un hersage croisant les traits de la charrue; si les terrains sont argileux, compacts et sujets à se durcir fortement, la herse doit succéder immédiatement à la charrue; mais lorsque le sol est de consistance moyenne, on doit ajourner le hersage, qu'on exécute seulement quelques jours avant de donner un nouveau labour. Ce hersage, qu'il faut toujours éviter de donner lorsque la terre est trop mouillée, favorise la levée des mauvaises graines qui bientôt couvrent le sol d'une verdure naissante, et c'est alors qu'on donne un nouveau labour.

Le hersage destiné à couvrir la semence se fait dans le sens des sillons.

Quelquefois un orage égrène les céréales au moment de les moissonner ; un coup de herse, donné aussitôt après l'enlèvement des gerbes, fait promptement lever de nouvelles plantes qu'on fait pâturer ou qu'on enterre comme engrais végétal.

La herse peut être remplacée par l'extirpateur, soit pour enterrer la semence, soit pour couper entre deux terres et détruire les herbes qui couvrent le sol.

Lorsqu'il existe à la surface d'une terre labourée une grande quantité de mottes trop dures pour être pulvérisées par la herse, il convient de les écraser avec le rouleau avant de donner le hersage.

Beaucoup d'autres pratiques agricoles, qui pourraient être mentionnées ici, trouveront place naturellement au chapitre des assolements.

CHAPITRE V.

ENGRAIS ET AMENDEMENTS.

————

La terre, en produisant, s'épuise et devient stérile si l'on néglige de réparer ses forces productrices. On obtient ce résultat et l'on augmente
encore sa fécondité par un emploi judicieux des
engrais et des amendements combinés avec les assolements alternes.

Section 1re. — Des engrais.

Les *engrais* sont des matières végétales et animales qui, se décomposant lentement dans la terre,
lui communiquent les sucs nécessaires pour nour-

rir les plantes. Ces matières, totalement désorgani-
sées, deviennent, en dernière analyse, de l'humus,
dont l'abondance constitue et caractérise les bonnes
terres.

Les engrais les plus abondants et les plus substantiels de nos fermes sont les fumiers d'étable et
de basse-cour. Ils se composent des litières et des
déjections des animaux, et sont d'autant meilleurs
que les animaux sont mieux soignés et plus abondamment nourris.

Si les fumiers séjournent trop longtemps à l'étable, ils vicient l'air et peuvent nuire à la santé des
bestiaux ; s'ils sont enlevés avant d'être imprégnés
des déjections solides et liquides, ils sont impar-
faits. On évite l'un et l'autre de ces inconvénients
en nettoyant les étables deux fois par semaine.

Cette recommandation, toutefois, ne s'applique
qu'aux bêtes bovines ; l'écurie des chevaux doit
être nettoyée chaque jour ; le toit des porcs ne peut
l'être trop souvent ; la bergerie, au contraire, peut
n'être vidée que deux à trois fois par an, le fumier
de mouton étant beaucoup plus sec que celui des
autres animaux.

Dans une partie basse de la cour, où coulent naturellement les eaux pluviales et les gouttières des
toits, on creuse une fosse profonde de 50 à 60
centimètres, dont le fond plat est solide, et qu'on
remplit jusqu'au bord, chaque année, de gazons
ou de terre. C'est sur cet amas, bien nivelé et destiné à devenir aussi de l'engrais, qu'est établie la
motte de fumier. On construit la motte carrément
et on lui donne une dimension telle que, lorsqu'elle parvient à sa plus grande hauteur et qu'elle
s'est affaissée par la fermentation, elle n'ait pas
plus de 1^m,33 de hauteur. Plus élevée, elle serait
trop sujette à se dessécher.

Il est, en outre, un moyen facile d'accroître
beaucoup les fumiers, c'est de répandre devant les
étables, sur les parties basses de la cour, tout ce
qu'on peut réunir de joncs, de genêts, de bruyères,
de feuillages et de débris végétaux. Ces matières,
broyées sous les pieds des hommes et des animaux, recevant la pluie et les déjections des bestiaux chaque fois qu'ils sortent, sont bientôt con-
verties en engrais.

Au bas et tout près de la motte, on creuse un ou

deux réservoirs où s'amassent les sucs liquides du
fumier, qu'on nomme *purin*. Le purin s'utilise de
plusieurs manières : ceux qui pratiquent une agriculture avancée, le transportent dans des tonnes,
pour en arroser le colza, les betteraves et autres
plantes sarclées ; ou bien, ils l'étendent d'eau et le
répandent sur les prairies naturelles ou artificielles.
Ceux qui croient devoir économiser la main-d'œuvre de cette opération, l'envoient, par des rigoles,
avec les eaux pluviales, sur les prairies les plus
rapprochées. On s'en sert aussi pour arroser la
motte de fumier lorsqu'on s'aperçoit qu'elle se des-
sèche ; et pour ne rien perdre de ce précieux engrais,
on jette dans les réservoirs de vieilles pailles, des
feuilles, des herbes, de la tourbe desséchée, de la
terre, qu'on retire après un certain temps et qui
forment un mélange ou *compost* très riche. Quelque
usage qu'on fasse du purin, il est toujours d'une
grande importance, et le laisser perdre, ainsi qu'il
arrive trop souvent dans nos fermes, c'est faire
bénévolement le sacrifice de produits considérables.

Le fumier qu'on laisse fermenter et se décomposer trop longtemps dans la motte perd beaucoup de ses qualités [1]; il est donc essentiel d'employer, dès le printemps, tout celui qui s'est fait pendant l'hiver, c'est-à-dire pendant la saison où il s'en fait le plus à raison de la stabulation continue des bestiaux, alors qu'il arrive à l'état de pâte molle et onctueuse. Un autre motif en nécessite l'emploi dans cette saison, et de plus avec les récoltes sarclées; c'est que le fumier contient toujours une grande quantité de mauvaises semences, qui lèvent dès qu'elles sont en terre, et qu'on détruit par les sarclages et binages d'été, avant de semer les céréales d'automne.

Quelques agriculteurs recommandent de transporter directement les fumiers de l'étable aux champs, et de les y enfouir immédiatement. Il peut être avantageux à certains sols de recevoir des fumiers longs, pailleux, non consommés, qui les divisent et les ameublissent; mais beaucoup de motifs

---

[1] Voyez à l'art. Plâtre, 1re partie, chap. 5, le moyen de fixer, par cette substance, les sucs ammoniacaux contenus dans les fumiers.

péremptoires s'opposent à cette pratique. D'abord,
il n'est pas possible, à moins d'en revenir à la jachère complète, d'avoir toujours des terres prêtes
à recevoir le dernier labour, qui est celui par lequel on enterre le fumier. On ne doit même pas
en avoir ordinairement de disponibles, puisqu'un
bon assolement occupe presqu'en tout temps la totalité des terres. Si l'on ajoute la difficulté de trouver, à certaines époques, le loisir de faire des charrois et des labourages, on reconnaîtra sans peine
la nécessité d'exécuter la plus grande partie des
fumures au printemps.

Les fumiers n'ont pas tous la même énergie et
une égale valeur. Leur action n'est pas la même
dans tous les terrains : ceux de cheval, de mouton,
de bœuf ou vache sont excellents ; celui du porc
est inférieur. Le fumier de cheval et de mouton
convient mieux aux terres fortes et froides ; le fumier des bêtes bovines, plus gras et plus frais, est
préférable dans les terrains légers, chauds et graveleux. On corrige les défauts des uns et des autres,
et l'on améliore les moins actifs, en les mélangeant
tous dans la même motte.

Les matières de fosses d'aisance sont un engrais fort avantageux en certains sols ; elles perdent de leur action par la dessiccation; mais on a de la répugnance à les employer à l'état liquide et frais. Réduites en *poudrette,* que les fabricants mélangent trop fréquemment de substances infertiles, elles produisent souvent un effet peu sensible dans les terrains granitiques et argilo-siliceux, quoique, dans les terres calcaires, elles activent fortement la végétation. On a tout intérêt néanmoins à n'en rien perdre et à les mêler avec les fumiers d'étable.

Certaines plantes s'accommodent mieux de fumiers frais, d'autres, de ceux qui sont décomposés. On préfère le fumier consommé pour la betterave, la carotte, la rave ou navet, auxquels les principes nutritifs sont nécessaires dès le premier âge ; c'est le contraire pour la pomme de terre, qui puise d'abord sa nourriture dans le tubercule qui la produit.

C'est à tort qu'on a conseillé de fumer peu à la fois, mais régulièrement chaque année, si l'on veut maintenir une fertilité constante du sol : il vaut mieux appliquer en une seule fois la fumure habituelle de plusieurs années et n'y revenir que rarement. On a pu remarquer qu'un terrain sur lequel il avait été fait un dépôt de fumier pendant un hiver seulement, et duquel ce fumier avait été enlevé en totalité, s'en est ressenti pendant plus de vingt ans, ayant constamment, en cette place, une végétation beaucoup plus vigoureuse que sur les points environnants. On a vu aussi des champs, originairement fort médiocres, qui, après avoir été très anciennement couverts, une seule fois, de 15 à 20 centimètres de bon fumier après un profond labour, ont, en quelque sorte, changé de nature, et sont demeurés des terrains de première qualité. [1]

On ne saurait trop déterminer la quantité de fumier qu'il convient de donner aux terres : tant qu'elles n'ont pas acquis une haute fertilité, on ne peut craindre d'en trop mettre ; et les soins constants du cultivateur doivent se porter sur la confection de la plus grande masse possible de bons fumiers.

---

[1] Ces deux faits ont été constatés sur des terres voisines de la Ferme-école de Tavernay.

Le *parcage* des moutons est un mode de fumure inusité dans l'Autunois ; il peut être cependant avantageux dans quelques circonstances, par exemple pour fumer les champs très éloignés de la ferme et d'un difficile accès. On y fait consommer sur place une récolte verte, ou bien l'on y porte la nourriture des moutons, qu'on change de place chaque jour ou tous les deux jours. Le parcage convient aux terres saines, légères et surtout calcaires, mais point aux terrains argileux, marécageux ou tourbeux, dans lesquels le mouton contracterait des maladies dangereuses. On laboure le plus tôt possible après le déplacement du parc, car cette fumure renferme des sucs très volatils, qui se dessèchent et s'évaporent promptement. L'effet du parcage ne se fait guère sentir au-delà d'une année. Beaucoup d'agriculteurs pensent que, sauf les cas exceptionnels dont il vient d'être parlé, il est plus avantageux de conserver les moutons à la bergerie, dans laquelle se produit et se confectionne bien mieux le fumier.

On a vu qu'un des motifs qui devaient engager à fumer au printemps, était l'existence dans les fumiers d'une multitude de graines qui germent à travers les récoltes et les remplissent de plantes inutiles ou nuisibles. On est cependant obligé quelquefois de fumer en automne, soit pour tirer parti des fumiers de l'été, qui seraient trop consommés au printemps suivant, soit parce que l'insuffisance des engrais, au printemps précédent, n'a pas permis de fumer tous les champs destinés aux céréales d'automne. En ce cas, au lieu d'enterrer le fumier, il est bien aussi convenable de l'employer en *couverture*.

Les inconvénients de ce mode de fumure disparaissent en cette saison ; les rayons du soleil n'ont plus autant d'ardeur et ne dessèchent plus le fumier, surtout s'il est déjà décomposé et pâteux. Les graines qu'il recèle n'étant pas enterrées, germent difficilement ; les mauvaises herbes, peu enracinées, périssent à l'air, ou par l'effet des fortes gelées ; enfin le fumier protège les jeunes céréales contre les intempéries et les alternatives de gelée et de dégel.

Il ne faut dédaigner ni perdre aucun engrais. La *chair des animaux morts* sera dépecée et mélangée de chaux pour la désinfecter ; les *fientes de pigeons* et *des volailles* seront recueillies avec soin, répandues sur le sol et enterrées par la herse avec la semence.

La *cendre du bois* et *des plantes,* lessivée ou non, employée en si petite quantité qu'à peine on l'aperçoit lorsqu'elle vient d'être répandue sur la terre, active beaucoup la végétation du sarrasin, ainsi que de la navette et des autres plantes oléagineuses de la famille des crucifères. On l'enfouit également à la herse, en même temps que la semence.

La *tourbe,* dans son état naturel, produit peu d'effet ; réduite en cendres, elle est un peu plus énergique, quoiqu'elle le soit beaucoup moins que les cendres de bois. Mais si, après avoir été séchée au soleil et pulvérisée, elle est mise en litière sous le bétail, ou bien stratifiée sous la motte ou dans l'intérieur du fumier, elle en reçoit les sucs fertilisants et devient un bon engrais.

Les *os* se recueillent en quantités considérables près des grandes villes. Réduits en poudre grossière par des moulins à cylindres de fonte et répandus dans les terres sèches et légères, à la dose de douze hectolitres par hectare, ils sont employés avec succès dans la culture des plantes commerciales précieuses, dont la valeur peut comporter une forte dépense de culture.

Les *tourteaux* de graines oléagineuses, qu'on se procure à des prix modérés, sont d'un usage important dans les cultures perfectionnées. On les sème pulvérisés grossièrement, sur la graine, principalement de plantes oléagineuses, puis on les recouvre légèrement par un trait de herse. Il en faut jusqu'à 1,000 kilogrammes par hectare. La poudre de tourteaux est répandue sèche sur les terrains argileux ; mais, avant de la mettre dans les terrains légers et secs, on la fait tremper dans du purin de fumier et on la herse encore humectée.

On trouve dans le commerce divers engrais énergiques, mais fort coûteux, et qui par ce motif ne sont pas à la portée de nos cultivateurs ; tels sont les résidus de raffinerie, les noirs animalisés, le guano et plusieurs autres.

Les *plantes vertes,* qu'on a semées pour les en-

4

fouir, améliorent le sol auquel elles ajoutent de l'humus en se décomposant. On choisit dans ce but celles qui croissent rapidement, comme la vesce et le sarrasin, dont les tiges sont volumineuses, mais les racines très menues. Il ne faut pas croire qu'elles aient la même efficacité que les trèfles et autres fourragères légumineuses qui, par leur longue croissance, le développement de leurs racines charnues, les gaz que soutire de l'air leur épais feuillage, les débris multipliés de leurs feuilles, changent entièrement la nature du terrain.

Il se présente telle circonstance où l'on recourt utilement à ce moyen : ainsi, la première année d'une exploitation, lorsqu'on n'a pu créer encore de fumiers, et qu'il serait trop dispendieux d'en acheter, on sème des graines de peu de valeur dans les terrains vacants, et, lorsque les plantes sont en pleine croissance, on les enterre par un coup de charrue avant d'emblaver. Hors ces cas assez rares, il y a plus d'avantage à faucher les récoltes vertes et à les faire consommer par les bestiaux qu'elles nourrissent largement et qui les transforment en fumiers substantiels et abondants. Le moment d'en_ terrer les récoltes vertes est celui où elles commencent à fleurir ; alors, elles n'ont pu que procurer au sol un salutaire abri contre le hâle et le soleil ; elles ne l'ont nullement épuisé.

L'enfouissement des récoltes vertes convient moins aux terres des latitudes septentrionales qu'à celles des pays méridionaux. Elles fermentent et se décomposent plus vite dans ces dernières ; elles y introduisent une fraîcheur qui résiste longtemps à la chaleur du climat. Le moyen de hâter beaucoup leur décomposition et de les réduire plus tôt en humus, c'est d'y répandre de la chaux vive en poudre avant de les retourner.

Section 2e. — *Des amendements.*

Les *amendements* sont des substances, généralement minérales et presque toutes calcaires, qui, mélangées au sol, en corrigent et modifient la nature, en rendant solubles les parties insolubles qu'il renferme. Les amendements diffèrent des engrais en ce que les premiers agissent principalement sur le sol et sur les engrais eux-mêmes ; tandis que les engrais exercent une action directe sur les plantes, qu'ils alimentent, et dans la composition desquelles ils entrent pour une quantité beaucoup plus appréciable.

La *chaux* est le plus actif des amendements ; ses effets, qui sembleraient quelquefois contradictoires, sont constants et toujours très caractérisés. On n'a pas coutume de l'appliquer aux terrains calcaires, quoique sa présence n'y soit pas sans résultat : tous les autres terrains en reçoivent une grande amélioration. Son action est double sur les substances végétales et animales que contient le sol : employée dans son état caustique, ou de chaux vive, elle accélère leur décomposition ; puis, se combinant avec leurs parties solubles, elle retarde, au contraire, leur décomposition, et rend plus durables leurs facultés nutritives. Elle agit également de deux manières sur le sol : s'il est argileux, compact et tenace, elle l'ameublit ; s'il est graveleux et léger, elle lui donne du corps et de la cohésion. Dans les terrains forts, il en faut davantage que dans les terres légères ; de même que, dans les contrées froides, il en faut une plus grande quan-

tité que dans les climats chauds. Mise dans un terrain ferrugineux, elle s'unit à l'oxide de fer et compose une substance à peu près analogue au plâtre
et qui en a les qualités. C'est sans doute pour cette
raison qu'elle améliore promptement le sous-sol
argileux et légèrement ferrugineux des terrains granitiques.

L'emploi de la chaux doit être précédé du parfait assainissement des terres ; la présence de l'eau,
surtout si elle est stagnante, y rend le chaulage
tout-à-fait inutile.

En ne considérant qu'un des effets de la chaux
vive sur les matières végétales et animales, leur
prompte décomposition, on avait d'abord pensé
qu'il fallait éviter l'emploi simultané de la chaux
et des fumiers. Mais en réfléchissant à sa seconde
faculté, de se combiner avec les parties rendues
solubles, et d'en prolonger l'action, on a reconnu
qu'il n'était pas contraire à la théorie d'appliquer
en même temps le chaulage et la fumure à la première année des assolements, consacrée aux récoltes
préparatoires qui remplacent la jachère.

L'emploi de la chaux impose des obligations,

auxquelles on ne peut se soustraire sans de graves
inconvénients. Sa faculté dissolvante n'est qu'at-
ténuée par la prolongation de la vertu nutritive des
engrais : c'est par l'adoption d'une culture améliorante, c'est en multipliant les fumures, qu'on prévient l'épuisement final du sol. Plus on met de
chaux en terre, plus il y faut d'engrais, si l'on ne
veut pas qu'à une fécondité passagère succède une
prompte et entière stérilité. Si donc, en commençant une exploitation, on s'est vu forcé de chauler
sans fumure, pour obtenir immédiatement des
prairies artificielles et des pailles abondantes, il
faut s'empresser d'employer ces pailles et fourrages
à produire beaucoup d'engrais, pour rendre à la
terre, avec usure, les substances organiques que lui
a enlevées le chaulage.

La chaux vient merveilleusement en aide au bon
cultivateur. Elle détruit rapidement les bruyères,
les joncs, l'oseille sauvage, le genêt anglais et beaucoup d'autres mauvaises plantes, qu'on a le plus
d'intérêt à faire disparaître, et qui sont bientôt
remplacées par les trèfles et de bons herbages, lorsqu'on leur laisse le temps de se produire.

La chaux mélangée avec des gazons, des curures de fossés, des herbes et débris végétaux herbacés de toutes sortes, même de la terre, forme de bons composts, et peut ainsi suppléer à l'insuffisance des fumiers.

Au nombre des services que rend la chaux à l'agriculture, il en est un qui mérite surtout d'être signalé; c'est de donner un moyen sûr de détruire la *petite limace grise,* fléau habituel des terrains argilo-siliceux. Aussitôt qu'on s'aperçoit de la présence de ces insectes destructeurs, on fait fuser de la chaux, qui doit être employée très vive ; et, après la nuit tombée, s'il fait clair de lune, ou, de grand matin, à l'instant où le jour commence à poindre, un homme, portant un tablier rempli de chaux en poudre, la répand à la main, comme s'il semait du blé, sur les places qu'on a eu soin de marquer avec quelques branches ou feuillages. Après un quart-d'heure d'intervalle, il est bon de recommencer, car la limace, que le contact de la chaux vive a couverte instantanément d'une écume blanchâtre, s'en débarrasse promptement, ainsi que de la chaux, en glissant à travers les herbes et les as-

pérités du sol ; mais elle ne résiste jamais à une seconde aspersion. Les habitudes des limaces, qui ne
sortent jamais toutes durant le jour, indiquent suffisamment qu'on ne peut les combattre et les détruire que pendant la nuit. [1]

Aussitôt que la chaux est calcinée, il faut l'enlever du fourneau et la conduire le plus près possible des terrains où l'on doit l'employer. On peut
en transporter au moins 20 hectolitres sur un char,
ou 10 hectolitres sur un tombereau. Comme il est
préférable de l'employer à l'état caustique [2], on la
couvre jusqu'au moment de s'en servir. S'il n'a
pas été possible de la préserver de l'humidité, si
elle est éteinte et réduite en grumeaux, il ne faut

---

[1] Quelques agronomes avaient reconnu, depuis longtemps,
l'action de la chaux vive sur la limace; mais c'est à la Ferme-
école de Tavernay qu'a été mis en œuvre, pour la première
fois et sur une vaste étendue de terrain, le procédé infaillible
qui vient d'être décrit.

[2] Certains agriculteurs, on doit en convenir, prétendent que
la chaux, depuis longtemps éteinte alors qu'on la sème, conserve une action plus énergique et plus durable que la chaux
employée à l'état caustique. L'expérience, dans nos pays, est
contraire à cette opinion,

pas moins en faire usage, et son effet sera encore
très marqué ; mais elle n'aura plus, en commençant, la propriété dissolvante de la chaux vive, et
sera plus difficile, étant moins divisée, à répartir
sur le sol.

On emploie la chaux à doses fort différentes.
Quelques agriculteurs, avec l'intention de n'y plus
revenir avant 15 à 20 ans, en mettent jusqu'à 150
et 200 hectolitres par hectare ; ils arrivent ainsi
plus vite au complet amendement des terres. Le
cultivateur économe et prudent procède avec plus
de réserve : dans l'Autunois, on a adopté, par
hectare, la quantité de 48 hectolitres, qu'on renouvelle en recommençant chaque rotation de culture
quinquennale ; en sorte qu'au prix de 1 fr. 25 c.
l'hectolitre, le chaulage revient à 60 fr. par hectare pour cinq ans, soit à 12 fr. par année.

Lorsqu'on veut procéder au chaulage, on conduit la chaux calcinée à portée d'un ruisseau,
d'une mare, ou mieux de la fosse à purin. On
arrose la chaux au moyen d'un arrosoir à pomme;
on l'humecte suffisamment pour la faire fuser, et
pas assez pour la réduire en pâte et l'éteindre. On

ouvre et on étend le tas, pour en extraire, avec une pioche, les pierres demeurées entières, qui sont arrosées de nouveau, jusqu'à ce qu'il ne reste plus qu'une masse de chaux en poudre. On peut encore remplir successivement de pierres à chaux un grand panier à deux anses, que deux hommes tiennent plongé quelques instants dans l'eau, et qu'ils versent pour le remplir de nouveau. La première de ces deux méthodes est la plus usitée.

Dès que la chaux est fusée, on la charge sur des tombereaux bien joints; on la conduit au champ, sur lequel on a déjà répandu le fumier, et où on la dépose par petits tas espacés de 5 à 6 mètres, comme on dispose ordinairement le fumier; puis un homme, avec sa pelle de fer, la jette et la répand autour de lui, de manière à blanchir également toute la surface du sol déjà fumé. Cette double opération de chaulage et fumure achevée, on exécute la plantation ou le semis des plantes-jachères, auxquelles on ne donne plus qu'un labour peu profond, afin que la racine des plantes soit mise en contact avec les matières fertilisantes.

C'est par l'application de la chaux à l'agriculture qu'il sera possible de multiplier les fourrages artificiels, de substituer le froment au seigle, d'introduire la culture en grand des récoltes oléagineuses, de produire, en conséquence, une véritable révolution dans les pays non calcaires. Néanmoins, les propriétaires du sol pourront seuls tenter les améliorations rendues possibles par l'emploi de cet énergique amendement, tant que les clauses surannées et insuffisantes des baux à ferme et à métairie n'assureront pas aux fermiers et colons partiaires, intelligents et progressifs, le dédommagement des avances qui ne leur seraient pas rentrées à la fin de leurs baux.

Le *plâtre,* ou sulfate de chaux, est un amendement calcaire fort apprécié dans certains pays : on ne l'enfouit pas en terre; on le sème, à la main, sur les plantes et principalement sur les fourragères légumineuses, telles que les trèfles et la luzerne. Employé cru ou cuit, son action est, à peu près, la même; mais comme on le sème en poudre, il est d'abord calciné au fourneau et broyé sous la meule.

L'effet du plâtre est surprenant sur certaines

terres; sur d'autres il n'est pas sensible : il est
donc convenable d'en faire de petits essais avant
d'en employer des quantités considérables. Dans
les terres calcaires et sur quelques terrains siliceux,
surtout s'ils sont exposés au sud, il produit une
végétation magnifique; tandis que, sur des terres
argilo-siliceuses, on ne s'aperçoit seulement pas
de sa présence. Comme la plus grande partie de
nos terrains est de cette dernière nature, il a été
inutile de l'y appliquer.

A raison, sans doute, de l'irrégularité de ces
résultats, on n'est pas encore très bien fixé sur les
diverses particularités de l'emploi du plâtre. Est-il
plus avantageux de le semer aussitôt après l'hiver
qu'au milieu du printemps? sur les plantes nais-
santes, que sur ces mêmes plantes déjà un peu
développées? Il règne encore de l'incertitude à cet
égard.

L'usage a prévalu d'attendre le mouvement de
la sève, au commencement de mai ; de choisir une
matinée calme, et de semer sur la rosée qui fixe le
plâtre aux feuilles, plutôt que par la pluie qui l'en
détacherait ; d'en employer autant que le terrain

comporte de graines céréales en semence, c'est-à-
dire environ **200** à **250** kilogr. par hectare, et de
s'abstenir d'un nouveau plâtrage pendant quelques
années.

L'effet du plâtrage se fait sentir pendant plusieurs années, d'abord sur les plantes qui l'ont
reçu, puis sur les récoltes suivantes, auxquelles
profitent les débris d'une riche végétation.

Il paraît constaté que le plâtre n'agit pas sensiblement sur les graminées, mais qu'un mélange de
cette substance avec des cendres de tourbe active la
croissance des fourrages naturels, principalement
des légumineuses qui s'y trouvent en grand nombre.

Des essais, déjà souvent répétés, semblent démontrer que le plâtre en poudre, répandu sur le
fumier d'étable, à mesure qu'on le place sur la
motte, et mélangé au purin récemment introduit
dans la fosse, y fixe l'ammoniaque, et donne à l'engrais une efficacité promptement reconnaissable à
la supériorité des récoltes auxquelles on l'applique. [1]

---

[1] D'habiles agriculteurs de l'Allier se louent beaucoup des
résultats qu'ils obtiennent de ce procédé.

La *marne,* autre amendement calcaire, qu'on rencontre souvent en grandes masses sous les sols granitiques, siliceux et argilo-siliceux, est un mélange
d'argile et de chaux à son état naturel, toutes deux
plus ou moins pures. Selon que l'un ou l'autre élément domine, la marne est calcaire ou argileuse; plus
elle est calcaire, plus elle produit d'effets améliorants. Cette substance, beaucoup moins active que
la chaux, s'emploie à bien plus forte dose, et convient surtout aux terres granitiques légères, gra-
veleuses, ainsi qu'aux terrains tourbeux, qu'elle
améliore par l'alumine et la chaux qu'elle contient.

Le *marnage* est une opération considérable à
raison des nombreux charrois et transports qu'il
nécessite. Suivant la qualité de la marne et les
besoins du terrain, on en met de 30 à 150 voitu-
res ou mètres cubes par hectare, et quelquefois
beaucoup plus. On ne doit donner le labour et enfouir la marne qu'après l'avoir étendue sur le terrain, et lorsque des alternatives de gelées, d'humidité et de chaleur l'auront dissoute et pulvérisée.
Il peut arriver que l'effet de la marne soit peu apparent la première année; ce n'est guère ordinai-

rement qu'à la seconde que le sol s'en trouve amendé et fortement modifié.

La marne est, comme la chaux, quoiqu'à un moindre degré, un stimulant ; il ne faudrait pas en abuser et répéter trop souvent les marnages ; on craindra d'y revenir avant dix années d'intervalle au moins. Ainsi que la chaux, cet amendement oblige à un redoublement de fumure.

Il n'a pas été jusqu'ici découvert dans l'Autunois de marne assez riche en calcaire pour améliorer les terres généralement argilo-siliceuses du pays ; aussi le marnage y est-il inconnu.

Le *mélange* raisonné des différentes sortes de *terrains* est souvent le moyen le plus simple et le plus praticable de les amender. Lorsque des terres, rapprochées les unes des autres, contrastent par des qualités ou des défauts opposés ; lorsqu'un terrain siliceux et léger se trouve rapproché d'un autre terrain argileux et surtout calcaire, des transports faits de l'un à l'autre pendant l'hiver et les moments de loisir, et continués régulièrement chaque année, les modifient avantageusement.

Si ces diverses sortes de terrains se trouvent

superposées les unes aux autres, à des profondeurs
que puisse atteindre la charrue, ils seront économiquement amendés par de simples labours de
défoncement. Si l'on complète cette opération, la
plus ordinairement applicable, par l'emploi d'autres amendements, comme la chaux, la marne, ou
tout autre, et des engrais qui en sont le complément nécessaire, on est sûr d'atteindre un degré de
fertilité presque sans bornes.

L'écobuage ou incinération de la surface du sol [1]
est un amendement d'une grande efficacité.

La proximité des villes procure encore un amendement précieux par l'enlèvement de la *boue des
rues*, mélange de différentes cendres et de quelques
substances organiques. On en forme des amas,
qu'on laisse reposer et se consommer pendant une
année, et qui fournissent ensuite un compost également convenable pour les terres et les prés.

---

[1] Voyez 1re partie, chap. 4e, section 2e.

SECONDE PARTIE.

ASSOLEMENTS ET CULTURE ALTERNE.

Il ne suffit pas d'amender et de fumer la terre ; elle se fatigue à produire et à faire fructifier indéfiniment les plantes que l'homme soumet à sa culture. Chaque espèce cultivée soutire de l'espace qui l'environne, et s'assimile, pendant le cours de son existence, les sucs fertilisants qui lui conviennent particulièrement ; en sorte que, ramenée sur le même terrain, ne trouvant plus l'aliment qui lui est nécessaire, elle ne peut plus atteindre à son développement normal. De là, l'indispensable nécessité de laisser la terre recouvrer les éléments qui lui ont été enlevés.

Nos pères avaient imaginé, dans ce but, la jachère absolue, faisant succéder à une période de production un temps égal de repos, pendant lequel le sol, retourné par la charrue et présenté en tous sens aux influences atmosphériques, redevenait apte à donner une récolte nouvelle.

Cette jachère, qui se prolongeait depuis le printemps, époque des premiers labours, jusqu'à l'automne, saison des semailles, rendait la majeure partie des terres improductive une année sur deux; tandis que les autres demeuraient incultes jusqu'à ce que le gazon reproduit à leur surface pût, au moyen de labours répétés, alimenter, par sa décomposition, quelques récoltes de céréales.

L'ancienne rotation habituelle de culture, dans l'Autunois, durait donc deux années. L'une se passait en labours; l'autre produisait du seigle. La chenevière, les pommes de terre, le froment, occupaient, ainsi qu'on l'a vu, quelques petits champs voisins des habitations, spécialement consacrés aux besoins du ménage, sans profit pour l'intérêt général.

Avec un tel système de culture, les moyens de subsistance devinrent insuffisants pour des populations qui s'accroissaient rapidement. Il fallait féconder le sol; la nécessité créa l'émulation. On finit par reconnaître que la terre n'avait pas besoin de repos, puisque, après la récolte la plus exigeante, elle ne se couvre pas moins d'une végétation spontanée; mais qu'on devait alterner ses productions et ne jamais lui faire porter deux fois de suite les mêmes espèces de végétaux.

On reconnut aussi que s'il n'est pas de plantes cultivées qui, à la longue, ne rendent le sol impropre à les reproduire, il en est de plus ou moins épuisantes, et que quelques-unes même, arrêtées dans leur croissance, avant leur fructification et leur maturité, peuvent devenir améliorantes.

C'est sur ces notions et ces faits qu'est fondée la théorie des assolements.

Un *assolement* est l'ordre dans lequel on fait succéder les plantes les unes aux autres, en les alternant selon leurs exigences, et de manière à maintenir la terre dans un état continuel de fertilité.

On ne peut prescrire aucun assolement rigoureux; car souvent il faut prendre en considération, outre la nature du terrain, des circonstances
particulières, le voisinage d'une ville, d'une population agglomérée, d'une usine, les habitudes locales; mais il est des règles fondamentales dont on
ne peut s'écarter.

Sauf de rares exceptions, un bon assolement doit
pourvoir aux besoins de l'exploitation, produire
les fourrages et pailles nécessaires aux animaux
de culture et de rente, et fournir aux nécessités du
pays. Il maintient une juste proportion entre les
récoltes améliorantes qui, directement ou par l'intermédiaire des bestiaux, rendent à la terre les
principes fertilisants dont on l'a privée, et celles
qui sont livrées à l'industrie ou au commerce;
entre les fourrages et les grains.

Un assolement à long terme remplit la condition
essentielle de ne ramener les mêmes plantes qu'à
des intervalles prolongés; il a aussi l'inconvénient
de trop ajourner l'amélioration complète du domaine. Un assolement très court fatigue le sol par

le retour fréquent des mêmes récoltes ; un assolement moyen concilie seul les intérêts divers.

L'assolement quinquennal, longuement éprouvé à la Ferme-école de Tavernay, a procuré des avantages si constants, sous tous les rapports qui viennent d'être énumérés ; il est, d'ailleurs, tellement susceptible d'admettre les modifications désirables ; il est si facile de l'abréger à quatre et même trois ans, ou de le prolonger de plusieurs années, qu'on croit pouvoir le présenter comme base et modèle de toute exploitation analogue.

L'exposé des cinq années ou *soles* successives de cet assolement, avec le détail des travaux et des plantes applicables à chacune d'elles, dans leur ordre régulier, pourra guider les cultivateurs dans le cours de leurs opérations, et leur épargner des erreurs qu'ils ne commettent jamais impunément.

ASSOLEMENT QUINQUENNAL.

Le propriétaire cultivateur qui prend la sage résolution d'exploiter lui-même ; le fermier ou le métayer entrant en possession du domaine qui lui

est confié, commencent par diviser leurs terres la-
bourables en cinq parties ou soles; c'est-à-dire
qu'ils établissent autant de divisions qu'il y a d'années dans l'assolement.

L'assolement de cinq années, ou *quinquennal,*
comprendra : 1re sole : plantes-jachères; 2e sole :
céréales ; 3e sole : prairies artificielles; 4e sole : céréales, plantes oléagineuses, récolte dérobée de
racines ; 5e sole : céréales de printemps, plantes
oléagineuses et autres.

Ce n'est pas immédiatement, mais seulement au
bout de la période quinquennale, que l'assolement
se trouvera ainsi constitué. La première année,
l'une des divisions recevra la première sole ; la
deuxième année, cette même division portera la
deuxième sole, tandis que la première sole occupera une autre division ; et ainsi de suite, jusqu'à
la cinquième année qui comportera les cinq soles.

En attendant cette dernière époque et l'assolement complet, les autres divisions ne restent pas
inoccupées, mais continueront provisoirement
d'être soumises à l'ancienne culture; car, avant
tout, il faut maintenir le revenu annuel accoutumé.

CHAPITRE Ier

PREMIÈRE SOLE.

———

La première sole est la plus importante ; c'est la jachère, non pas improductive, comme précédemment, mais utilisée, qui prépare la réussite de l'assolement entier.

C'est à la première sole qu'on applique les fumiers qui doivent féconder la terre pendant les cinq années de l'assolement. Elle comprend aussi toutes les plantes, dites *plantes-jachères*, qui ameublissent le terrain, le nettoient et l'amènent à l'état le plus favorable pour produire les récoltes des quatre années suivantes.

Lorsque l'entrée en jouissance du cultivateur a

lieu le 11 novembre, terme ordinaire de l'échéance des baux dans nos pays, il est encore souvent possible de labourer quelques pièces de la première sole, avant les fortes gelées et l'invasion des grandes pluies.

Ce labour, qui est un défoncement, doit être profond, et le laboureur ne craindra pas de ramener à la surface 4 à 5 centimètres du sous-sol. Les substances qui le composent, surtout celles de nature argileuse, exposées à l'alternative des gelées et dégels, se pulvérisent et sont bientôt mélangées à la terre végétale, dont elles augmentent l'épaisseur. Seulement, on aura soin de laisser les sillons bien ouverts dans le sens de la pente, pour faciliter l'écoulement des eaux. Sans cette précaution, la terre fraîchement remuée, promptement détrempée par les pluies et la neige, se tasse excessivement et se trouve, au printemps, dans une condition moins favorable que si elle fût restée inculte.

S'il n'a pas été possible de défoncer avant l'hiver; si l'on en a été empêché par la nécessité de conserver un pâturage aux moutons ; lors même que le labour de défoncement aurait eu lieu en novembre, il faut toujours donner au printemps un labour de 30 centimètres au moins de profondeur. Mais on devra s'abstenir de le commencer tant que l'humidité surabondante rendra la terre lourde et pâteuse.

On ne saurait donner trop d'importance au choix des plantes-jachères ; c'est par leur culture qu'on purifie le sol de toutes les herbes et mauvaises semences laissées par les anciennes récoltes, ou introduites par les fumiers. Elles opèrent ce nettoiement de deux manières : les unes, parmi lesquelles figurent les plantes-racines et les légumes farineux, par leurs sarclages et buttages ; les autres, telles que le sarrasin, la vesce, le chanvre, en étouffant les plantes inutiles, par leurs tiges serrées et leur épais feuillage.

La première sole se subdivise donc en récoltes sarclées et en plantes étouffantes.

Section 1re. — *Récoltes-jachères sarclées.*

Les récoltes-jachères sarclées se composent : 1° de plantes cultivées pour leurs racines ; 2° de plantes légumineuses ; 3° d'une plante graminée, le maïs.

I. — Plantes-jachères sarclées, cultivées pour leurs racines.

POMME DE TERRE. — La *pomme de terre,* solanée originaire des montagnes du Pérou, introduite en Europe au commencement du seizième siècle, vient en première ligne parmi les plantes cultivées pour leurs racines, comme préparation du sol et comme nourriture de l'homme ainsi que des animaux. Elle est une des bases fondamentales de l'assolement ; mais elle y tiendrait une place encore plus considérable, sans l'inexplicable maladie qui l'atteint depuis quelques années. On est aussi forcé de restreindre sa culture à raison des frais énormes de main-d'œuvre qu'elle exige.

Ses variétés sont très nombreuses et tendent à se multiplier sans cesse par le semis de ses graines. La nature du sol influe beaucoup sur ses qualités. On peut la faire réussir dans tous les terrains ; cependant, les pommes de terre jaunes prospèrent davantage dans les terres argileuses et calcaires ; la rouge commune, dans les sols légers ; la blanche, dans les terrains argilo-siliceux. Cette dernière, moins bonne pour l'usage de l'homme, est préférée pour la nourriture des animaux, parce qu'elle produit beaucoup.

Il faut à la pomme de terre un terrain bien ameubli et abondamment fumé. Une longue série de travaux lui est consacrée, ainsi qu'on va le voir.

Vers le milieu ou à la fin de mars, lorsqu'il n'y a plus à redouter de grands froids, le sol ayant reçu deux énergiques labours et se trouvant bien nivelé par un dernier hersage, le fumier [1] est amené, disposé en fumerons distants de 7 à 8 mètres, et soigneusement épanché. De la chaux vive, à la dose de 48 hectolitres à l'hectare, est répandue par-dessus le fumier, après avoir été préalablement fusée. Puis le même jour, et sans attendre que la chaux ait reçu la pluie ou la rosée, on plante les pommes de terre à la charrue et à *raie perdue*, c'est-à-dire qu'on plante une raie entre deux qui restent vides.

Il faut 7 à 8 hectolitres de semence pour un hec-

---

[1] Voyez, pour la quantité de fumier à employer : Résumé de l'assolement quinquennal.

tare. La distance, entre les tubercules, doit être de 30 centimètres et de 50 centimètres entre les lignes.

Le tubercule, qu'on plante entier s'il est petit, et coupé en morceaux s'il est volumineux, doit n'être enterré que de 4 à 6 centimètres. A cet effet, on se sert de l'ancienne charrue, à versoir ou planchette mobile, ou de la charrue Dombasle, dont on remplace le versoir par une planchette de 6 centimètres de largeur, et qui pénètre en terre à 12 centimètres de profondeur, tandis qu'elle n'en retourne que 4 centimètres ; ou bien encore on donne un labour ordinaire, et le tubercule, au lieu d'être jeté au fond de la raie, est posé et appuyé contre la tranche de terre retournée. Ce mode, qui est le plus long à exécuter, est aussi le meilleur ; car il est toujours essentiel que le tubercule repose sur la terre remuée.

Des sillons sont laissés ouverts de distance en distance, pour faire écouler l'eau si le printemps est pluvieux.

Dans la petite culture, on plante à la pioche, procédé tout aussi favorable au succès de la plante, mais d'exécution lente et coûteuse.

Dès qu'on commence à voir paraître quelques tiges, on ameublit la surface du sol par un vigoureux hersage. Lorsque les plantes ont atteint une hauteur de 18 à 20 centimètres, on donne un binage. Cette façon, qu'on exécute communément à la pioche, se fait bien plus économiquement avec la houe à cheval, qu'on peut atteler d'un seul cheval ou de deux bœufs. Si l'on se sert de bœufs, il faut allonger leur joug, de manière que les deux animaux passent dans les intervalles sans fouler les lignes. Quinze ou vingt jours après, on passe dans les intervalles un buttoir, petite charrue à deux versoirs, attelée, comme la houe à cheval, d'un cheval ou de deux bœufs.

Le buttoir ouvre, entre toutes des lignes, des sillons qui facilitent l'écoulement des eaux et ne leur permettent pas de séjourner sur les tubercules. Le terrain qui sort de ces sillons butte les plantes, étouffe les mauvaises herbes et achève de nettoyer le sol.

Il ne faut pas trop attendre pour butter les pommes de terre, parce que, si les tubercules nouveaux étaient formés au moment du buttage, une

couche de terre plus épaisse que celle qui les
couvre naturellement ne pourrait que leur porter
dommage. C'est sans doute le mauvais effet de buttages trop retardés qui aura fait penser que cette
opération était généralement nuisible aux pommes
de terre.

Après le buttage, il n'y a plus rien à faire jusqu'à
la récolte des pommes de terre, qui s'exécute à la
pioche, mais bien plus économiquement à la charrue. Lorsqu'on la fait à la pioche, et que les bras
dont on dispose dans l'exploitation sont insuffisants, il est préférable de donner l'extraction à la
tâche, en surveillant l'ouvrage des tâcherons.

Pour extraire à la charrue, deux bœufs suffisent.
Le laboureur entame une première ligne, et la retourne en passant le soc par-dessous les tubercules; lorsqu'il a atteint l'extrémité, il va en prendre
une seconde à quelques pas de distance, et pendant qu'il la renverse, des manouvriers, espacés régulièrement, détachent les tubercules de la première, soit à la main, soit avec la pioche. La
deuxième ligne achevée, la charrue vient en reprendre une troisième à côté de la première; les

manouvriers, conservant leurs distances, vont lestement à la seconde; puis la charrue prend une
quatrième ligne à côté de la seconde, et ainsi
de suite pour tout le champ à récolter.

Il est bon de laisser sécher les tubercules sur
terre avant de les emmener, mais pas plus d'un
jour, surtout s'il fait du soleil, car ils contracte-
raient un mauvais goût.

Si l'on veut remplacer les pommes de terre par
une céréale d'automne, on doit les extraire de
bonne heure, et pas plus tard que la fin de septembre; c'est également le moyen de les conserver
plus sûrement, attendu qu'à cette époque elles
n'ont pas encore été mouillées par les pluies. Par
ces différents motifs, une bonne portion de la sole
de pommes de terre devra se composer de variétés
hâtives, qui se récoltent dès le mois d'août, et se
vendent en primeur plus cher que les variétés tardives.

Si l'on n'a pu récolter les pommes de terre qu'à
l'arrière-saison et lorsqu'il n'est plus temps de semer une céréale d'automne, on se contente de tirer
à la charrue de nombreux sillons d'écoulement,

qui assainissent le sol et le disposent à recevoir, dès les premiers jours de mars, une céréale de printemps.

La pomme de terre, convenablement fumée, n'épuise pas le sol, comme on le prétend ; toujours elle est suivie des céréales les plus belles, les plus grenées et surtout les plus nettes.

La conservation des tubercules présente les plus grandes difficultés depuis l'invasion de ce qu'on nomme la maladie des pommes de terre, qui est une carie sèche, ou décomposition de couleur brune, fort différente de la pourriture produite par l'humidité surabondante du sol et des lieux où l'on renferme la récolte. Il n'y a, jusqu'à présent, que doute et incertitude sur les causes et la nature du mal, aussi bien que sur l'efficacité des remèdes proposés. Parmi les causes, on a cité l'influence de certains insectes, de plusieurs plantes de la famille des champignons, des fumures excessives, des chaulages : les unes sont plus que douteuses ; les autres sont impossibles.

Comme précautions préservatrices, on a conseillé l'emploi de la chaux, que d'autres avaient

déclarée être la source du mal ; du poussier de charbon de bois, qui n'a produit aucun effet sensible ;
l'enlèvement des sommités de la plante au moment
de la floraison, ou de la plante tout entière, lorsqu'elle commence à se faner à la fin de l'été, ce qui
a été reconnu insignifiant ; l'exposition prolongée
des tubercules aux rayons du soleil, qui se montre
si rarement à l'époque de la récolte, et qui dété-
riore au contraire la pomme de terre.

Quelques agriculteurs ont recommandé l'usage
de la cendre de bois sur la terre au moment de la
plantation. C'est un stimulant, et, sous ce rapport,
le moyen peut avoir quelque utilité; mais, en main-
tes circonstances, il n'a pas été un préservatif.

Des cultivateurs anglais ont planté les pommes
de terre avant ou pendant l'hiver, et disent s'en
être bien trouvés. Dans nos climats, ce procédé n'a
pas réussi et ne devait pas réussir : en effet, si l'on
plante les tubercules à la profondeur ordinaire de
5 à 6 centimètres, ils gèlent, car la superficie gelée
du sol prend chaque année de 15 à 20 centimètres
d'épaisseur et plus ; s'ils sont plus enfoncés en
terre, ils pourrissent et ne végètent pas. C'est un

procédé qu'on peut à peine pratiquer dans les jardins, mais qui ne peut s'appliquer sur une grande échelle.

Voici ce que la pratique a démontré de plus positif à la Ferme-école de Tavernay : il faut planter de bonne heure au printemps, en terre profondément labourée, bien chaulée et fumée : les pommes de terre, ainsi disposées, croissent rapidement et peuvent être récoltées avant la fin des chaleurs, surtout si ce sont des variétés hâtives.

Les tubercules, suffisamment séchés après l'extraction, sont amoncelés sur un terrain sec, par petits tas contigus et alignés, chacun de 15 à 20 hectolitres, que l'on couvre de paille de glui, puis de 30 centimètres de terre prise à l'entour. On fait circuler sous toute la ligne un courant d'air, au moyen de mauvaises planches placées à terre, de champ, deux à deux parallèlement et inclinées l'une sur l'autre. Au centre de chaque tas un petit fagot, placé perpendiculairement sur le bord mal joint des planches, et dépassant le sommet du tas, y crée un nouveau courant d'air extérieur. Lorsqu'après l'hiver on veut faire usage des pommes de terre, on n'en découvre qu'un seul tas à la fois ; car, après avoir pris l'air, elles sont fort disposées à se gâter rapidement ; mais quand on a pris soin de les trier et d'enlever tout ce qu'il y avait de gâté avant de les placer dans les petits silos, on les retrouve à peu près comme on les y a mises.

C'est rarement à la récolte, si elle a précédé les pluies, qu'on trouve un grand nombre de pommes de terre atteintes de la maladie ; c'est plus tard, un mois environ après l'extraction, qu'elle fait des progrès rapides. On les prévient en empêchant de se développer le germe invisible du mal renfermé dans les tubercules ; résultat qu'on a obtenu en formant ces petits tas assez couverts pour préserver leur contenu de la gelée, assez aérés pour empêcher la fermentation.

Ceux qui possèdent des caves à courants d'air, qu'on bouche hermétiquement dans les grands froids, peuvent disposer pendant tout l'hiver de leurs pommes de terre ; ils ont aussi la faculté de les trier de temps en temps ; mais les tubercules y conservent moins longtemps leur qualité parfaite que dans les silos.

Ces moyens de conservation, sans être tout-à-fait infaillibles, sont déjà très efficaces, et peuvent satisfaire en attendant qu'on en découvre de plus puissants. Il est à croire que la maladie, survenue sans causes apparentes, s'usera avec le temps et cessera insensiblement comme elle a commencé. Déjà l'on a reconnu que certaines variétés, entre autres la blanche commune et, dans quelques contrées, les hâtives, y sont moins sujettes : on leur donnera la préférence. Les hommes intelligents ne se lasseront pas de tenter des essais et des sacrifices pour conserver à l'agriculture une plante aussi indispensable en économie agricole, pour l'alimentation du bétail, l'accroissement des engrais et son importance dans les assolements ; dans l'économie domestique, pour la nourriture de l'homme; enfin dans le commerce et l'industrie qui ne peuvent plus se passer des fécules, des eaux-de-vie et des sucres qu'on en extrait.

Néanmoins, dans l'incertitude de ce qui peut advenir, il est prudent de restreindre momentanément la culture des pommes de terre et de la remplacer en partie par d'autres plantes, moins précieuses à la vérité, mais qui seront encore un utile dédommagement. Dans la situation actuelle, la pomme de terre ne peut guère occuper plus des deux cinquièmes de la première sole.

BETTERAVE CHAMPÊTRE. — La *betterave* est une plante très anciennement admise dans les jardins. Une de ses variétés, la *betterave champêtre,* ou *de disette,* se cultive en grand pour la nourriture du bétail. Sa culture est une excellente préparation pour les céréales, et sa racine un aliment précieux pendant l'hiver, donnant beaucoup de lait aux vaches et particulièrement avantageux aux jeunes bêtes bovines ainsi qu'aux moutons.

A la différence de la rave et du navet, cette betterave s'accommode des terrains les plus argileux et les plus forts, pourvu qu'ils soient profondément labourés et suffisamment ameublis.

Après avoir donné au sol les mêmes soins préliminaires que pour la pomme de terre, savoir : plusieurs labours suivis de hersages, une fumure abondante, avec chaulage si le terrain n'est pas calcaire, on sème en place, depuis le 15 mars jusqu'en mai. Des lignes parallèles, tracées avec le

6

rayonneur ou une charrue légère, et espacées de
50 centimètres, reçoivent la graine, qu'on y place
par pincées de 3 à 4 grains, distantes de 33 centimètres. Cette graine, qui ne doit pas avoir plus
d'un an, se sème à la main, mais bien plus rapidement avec un semoir.

Lorsque les plants ont pris la troisième ou la
quatrième feuille, on n'en laisse qu'un seul en
chaque place, et on en repique où ils ont manqué.
Les betteraves se sèment encore en pépinière, aux
premiers jours de mars, dans une bonne terre ; on
les repique en place lorsque la plante a pris 4 à
5 feuilles ; on les arrose pour assurer la reprise.
Cette dernière méthode économise un sarclage,
mais les racines deviennent moins grosses qu'en
adoptant la première.

Des binages sont donnés aussitôt que les plantes
sont assez fortes pour les supporter ; on les renouvelle, s'il en est besoin, jusqu'à ce qu'elles aient
acquis une certaine grosseur. Les binages s'exécutent lestement à la houe à cheval, ou bien plus
lentement à la pioche.

Au lieu de butter les betteraves, il faut, au con-

traire, les déchausser légèrement lorsqu'elles ont
acquis moitié de leur grosseur, et retirer, avec la
pioche, la terre qui les entoure; elles s'élèvent alors
en dehors du sol, la racine ne se ramifie point,
grossit rapidement et s'arrache ensuite avec plus
de facilité.

Lorsque la racine a pris à peu près son développement, on peut supprimer les feuilles du bas et
les donner au bétail ; c'est un utile supplément de
nourriture verte au moment où les aliments de
cette sorte commencent à devenir rares. Quelques
jours avant de les arracher, on supprime le reste
des feuilles, excepté celles du cœur de la plante,
qu'on coupe les dernières après l'extraction.

Les racines sont mises à la cave, ou amoncelées
en silos, comme les pommes de terre; mais craignant moins la pourriture que ces dernières, il
suffit de leur ménager un courant d'air, au moyen
d'une poignée de paille de glui dressée au centre
de chaque silo.

Pour conserver des porte-graines, on choisit
les plus belles racines qu'on plante à la cave,
dans le sable, pendant l'hiver, et qu'on met en

pleine terre aux premiers jours du printemps.

La betterave, crue et mincée au coupe-racine, est donnée aux animaux pour leur nourriture ordinaire; on la fait cuire et on la mélange avec des substances farineuses pour les bêtes qu'on engraisse. Il ne faut pas la leur donner crue pour unique nourriture, elle les débiliterait; il convient de l'alterner avec les fourrages secs, et même de la saupoudrer d'un peu de sel administré comme tonique.

On cultive en grand plusieurs variétés de betterave pour la fabrication du sucre; ainsi traitée, alternant avec les céréales, elle constitue la principale richesse de plusieurs départements. Cette industrie n'existe pas dans l'Autunois, dont les terres sont loin d'être arrivées à un degré de fertilité propre à en assurer le succès.

CAROTTE. — La *carotte* est plus délicate que la betterave; il lui faut un sol profond et léger. Elle ne réussit dans les terres fortes qu'autant qu'elles sont parfaitement ameublies.

On donne, avant l'hiver, un profond labour, avec fumure et chaulage, si le terrain comporte cet amendement; puis, au printemps, un second labour préparatoire. On sème, à la volée ou en lignes, vers la fin de mars ou au commencement d'avril ; souvent on est obligé de le faire plus tard. Il faut 2 à 3 kilogrammes de graine à l'hectare. La graine perd promptement sa faculté germinative, qu'elle ne conserve qu'un an ; on fera donc bien d'essayer celle qu'on achète, par un semis en pot.

La jeune plante reste longtemps faible et risquerait d'être étouffée par les mauvaises herbes qui l'accompagnent toujours ; on désherbe minutieusement et l'on bine de bonne heure. Au premier binage, on espace les plantes à 10 centimètres et à 25 au second, qui a lieu trois semaines après ; peut-être, un mois plus tard, un troisième binage sera-t-il encore nécessaire ; ce sont des façons coûteuses, car, le plus souvent, la carotte est semée à la volée et ne peut être binée à la houe à cheval.

La récolte s'exécute en octobre, à la pioche, ou plutôt avec la fourche à trois dents ; on peut attendre jusqu'à la fin de l'arrière-saison, cette racine ne craignant pas les petites gelées précoces.

On ne sème guère en pleine campagne que la carotte longue à collet vert, qui produit jusqu'à

250 et 300 hectolitres de racines à l'hectare dans une bonne terre. Ces racines se conservent à la cave ou bien en silos.

Tous les animaux de travail et de rente, jeunes ou vieux, les mangent avec une extrême avidité ; ils en reçoivent deux à trois rations par jour, entre les repas de fourrages secs. On les donne crues, passées au coupe-racine ; cependant, elles conviennent mieux cuites aux cochons à l'engrais. Aucune nourriture ne maintient en aussi bon état les vieux chevaux et ne rétablit aussi promptement ceux qui sont malades.

Les porte-graines de la carotte se conservent, pendant l'hiver, comme ceux de la betterave.

PANAIS. — Le *panais* est plus productif que la carotte, il s'arrange mieux des terrains argileux, et n'est pas aussi délicat.

Il ne craint pas la gelée, en sorte qu'on peut le semer en automne. Lorsqu'on le sème au printemps, ce qui a lieu le plus ordinairement, il faut le faire de très bonne heure. On emploie 5 à 6 kilogrammes de graine à l'hectare, et l'on rejette celle qui a plus d'une année.

Avec de bons labours, des fumiers abondants, de la chaux en terre granitique, des binages assez fréquents pour favoriser la végétation et nettoyer le sol, le panais devient une bonne plante-jachère.

Son odeur et sa saveur un peu prononcées le font refuser d'abord par quelques animaux, qui finissent néanmoins par s'y accoutumer. On le donne cru et coupé en morceaux aux vaches à lait et aux chevaux; on le fait bouillir pour les porcs à l'engrais et les volailles.

Ce genre de récolte n'est pas usité dans l'Autunois.

TOPINAMBOUR. — Le *topinambour* est originaire de l'Amérique méridionale, on ne sait de quelle contrée précisément; mais c'est sans doute d'une région montagneuse et froide, car son tubercule ne craint pas les froids les plus rigoureux, et c'est un de ses principaux avantages.

Ce tubercule, considéré comme nourriture de l'homme, est loin d'avoir les qualités de la pomme de terre : aussi, quoiqu'il ait un peu la saveur de l'artichaut, et qu'accommodé de certaines maniè-res il plaise à quelques personnes, cependant il n'est guère employé qu'à l'alimentation des ani-

maux; encore n'est-ce que depuis les ravages de la
maladie des pommes de terre, qu'il commence à se
multiplier dans la grande culture.

Malheureusement, il possède un défaut qui permet peu de l'introduire, comme plante-jachère,
dans un assolement régulier : il est très difficile,
pour ne pas dire impossible, de le détruire assez
complètement après la récolte de ses tubercules,
pour lui faire succéder immédiatement une autre
plante. La plus petite de ses racines suffit pour
produire une tige vigoureuse; au point qu'on
peut se dispenser, à la rigueur, d'un nouveau semis de topinambours, et se contenter de bien
labourer et fumer le terrain duquel on croit avoir
enlevé toutes les racines, pour y reproduire une
nouvelle sole de cette plante.

Si, malgré cet inconvénient, on tient à le faire
figurer comme plante-jachère, on ne peut le remplacer par une céréale d'automne; mais, après
l'hiver, on laboure, et, lorsqu'on voit apparaître de
nouvelles tiges, on les arrache avec les tubercules
qui leur ont donné naissance, après quoi, l'on sème
une céréale de printemps.

Le moyen d'éviter ces difficultés, c'est de cultiver le topinambour à part et en dehors de l'assolement.

Cette plante, rustique et très productive, s'arrange de tous les terrains, pourvu qu'ils soient
convenablement assainis et qu'on les laboure profondément. Elle exige les mêmes fumures et amendements, et à peu près les mêmes soins de culture que la pomme de terre. Elle a, de plus que
cette dernière, la rare propriété de subsister un
grand nombre d'années consécutives sur un sol un
peu substantiel, sans engrais nouveaux et au moyen
d'un simple sarclage; cependant, pour obtenir
d'abondantes récoltes, il faut, comme on vient de
le dire, fumer convenablement chaque année.

Il convient de planter le topinambour en lignes
distantes de 66 centimètres, et de conserver le
même intervalle entre les pieds. On donne deux
binages, avec la houe à cheval, avant que les tiges
soient trop élevées pour laisser passer l'attelage.

Les feuilles, avec leurs tiges, ne sont pas, quoi
qu'on en ait dit, un fourrage recherché par le bétail, à raison de leur surface rude et velue; pour

qu'on les fasse accepter aux animaux, il faut qu'ils
soient privés de toute autre nourriture.

Les tiges, grosses et fortes, s'élèvent à **2** et
3 mètres de hauteur; elles fleurissent, mais ne produisent pas de graines fécondes dans nos pays. Au
mois de novembre, on les coupe et on les met à
l'abri pour en chauffer le four.

Comme la plante ne mûrit jamais entièrement
dans nos climats, les tubercules, arrachés depuis
longtemps, sont sujets à s'échauffer et à se détériorer; il faut donc, profitant de la faculté qu'ils ont
de résister aux gelées, ne les extraire qu'au fur et
à mesure des besoins qu'on en a, et les conserver
préférablement pour la fin de l'hiver, époque où
le bétail manque de fourrages frais et souvent de
toute autre nourriture.

Les tubercules, après avoir été lavés et coupés
en petits morceaux, sont donnés aux bestiaux, surtout aux vaches, aux moutons et même aux cochons,
qui, quelquefois, les refusent d'abord, mais qui s'y
habituent bientôt. On les fait cuire et on les mélange de farineux pour les porcs et les autres animaux à l'engrais.

RAVE, NAVET. — La nécessité de remplacer, au moins partiellement, la pomme de terre par d'autres racines propres à l'alimentation de l'homme et des animaux, devrait faire adopter et multiplier le *chou-navet* ou *chou-rave*, le *navet* et la *rave*.

Ces deux derniers qu'on a peine à distinguer l'un de l'autre, attendu que, selon les pays, on leur attribue indifféremment l'un ou l'autre nom, se sèment en place, et doivent être appliqués, en *récolte dérobée,* à la quatrième année de l'assolement. Il faut, en conséquence, réserver ce qui les concerne pour la quatrième sole.

CHOU-NAVET ; RUTABAGA. — Le *chou-navet,* que nous nommons *chou-rave,* et le *rutabaga,* ou *navet de Suède,* qui en est une variété à racine jaunâtre, se sèment en avril, se repiquent, se récoltent au moment des semailles d'automne. Ils pourraient être cultivés comme plantes-jachères; cependant nos cultivateurs ne les emploient, dans la première sole, que pour utiliser quelques petits coins de terre d'une fertilité exceptionnelle, ou pour remplacer les pommes de terre qui ont manqué.

On sème les choux-navets en pépinière; lorsqu'ils ont quatre ou six feuilles, on les repique.

Les choux-navets sont appliqués à la nourriture de l'homme plutôt qu'à celle des animaux, pour lesquels on préfère des plantes-racines moins exigeantes. Si l'on cultivait les choux-navets seuls et en plein champ, on préparerait le sol par de profonds labours, chaulage, fumure abondante ; on les planterait en lignes, distantes de 50 à 60 centimètres, afin de les biner soit à la main, soit à la houe à cheval : on les arracherait fin d'octobre.

II. — Plante-jachère sarclée crucifère, cultivée pour ses feuilles.

LE CHOU. — On doit dire ici quelques mots d'une autre plante de la famille des crucifères, cultivée pour ses feuilles. Plusieurs grandes variétés de choux, qui se rencontrent fréquemment dans certaines contrées, et qu'on y cultive pour l'alimentation du bétail, ne sont pas connues dans nos pays : le *chou-cavalier*, le *chou-branchu*, le *chou-vivace*, fort appréciés dans l'ouest de la France, résisteraient difficilement à nos rigoureux hivers. Ils exigent beaucoup de soins et occupent trop de terrain, à raison de leurs vastes dimensions ; ces inconvénients, joints à l'incertitude de leur conservation pendant l'hiver, doivent à peine nous permettre d'en faire l'objet de quelques essais.

Ils se cultivent, au surplus, comme les choux-navets, et ne prospèrent qu'en terrain très riche et parfaitement ameubli. On récolte leurs feuilles pendant toute la mauvaise saison.

III. — Plantes-jachères sarclées légumineuses.

HARICOT. — Le haricot est une plante très productive, qui réussit bien dans nos terrains argilo-siliceux. On ne peut trop le multiplier, car il est d'une vente facile et paie largement les soins qu'on lui donne.

Il veut un sol amendé, fumé, un peu frais et néanmoins une température et une exposition chaudes. De légères irrigations en été, lorsqu'elles sont possibles, lui sont très favorables et préviennent la coulure de ses nombreuses fleurs.

Il n'est guère possible de cultiver en plein champ

7

que les haricots nains; on ne pourrait garnir de
rames des surfaces considérables. Il faut choisir
les variétés qui réussissent le mieux en chaque
pays: dans les vignobles, on remplit les espaces vides
de la vigne, et souvent au grand détriment de la
culture principale, avec le petit haricot blanc qui
se vend bien, quoiqu'il soit un aliment peu délicat ;
nous cultivons avec succès un haricot rouge ; ailleurs ce sont d'autres variétés; chacun doit consulter les préférences locales.

Un premier labour, profond et bien relevé, donné
avant l'hiver ; un deuxième, plus superficiel, au
printemps, lorsque la terre est ressuyée, seront une
bonne préparation. C'est à ce dernier que s'applique
la fumure, afin que l'engrais se trouve précisément
à la profondeur des racines. Cette recommandation
est commune aux haricots et aux autres légumi-
neuses-jachères qui, toutes également, doivent recevoir un chaulage dans nos terrains granitiques.

La plante, au premier âge, court deux sortes de
dangers qu'il faut éviter soigneusement : la moindre gelée la détruit immédiatement et les limaces
la dévorent. On ne sèmera qu'après la cessation to-

tale des froids, c'est-à-dire au commencement de
mai ; et si l'on reconnaît la présence des limaces,
on se hâtera de les détruire par l'emploi de la
chaux vive.

Le haricot se sème à la main ou au semoir ; pour
le premier mode, le semeur suit une raie de labourage, sur le sommet de laquelle il enfonce, à 3 centimètres de profondeur, des trochets de 5 graines
qu'il espace à 30 centimètres; ou bien il laisse tomber, entre deux raies, ces mêmes trochets qui sont
ensuite enterrés par un léger hersage.

Si l'on doit sarcler à la main, on ensemence de
deux raies l'une ; lorsqu'on doit employer la houe
à cheval, on laisse deux raies vides entre celles qui
sont ensemencées. Mais, de cette manière, le semis
se trouve clair et la terre dégarnie, par conséquent
la récolte moins considérable.

Le haricot est assez épuisant; on le fume en conséquence. Comme il doit être sarclé et biné deux
et même trois fois, selon le besoin, il laisse la terre
parfaitement disposée pour les semailles de céréales.

Quand les plantes et les gousses sont desséchées,
on les arrache, on les lie en petits paquets et on

les entasse dans un bâtiment sain et bien aéré. Si les grains battus ne sont point parfaitement secs, on les étendra sur le grenier pour les y faire sécher ; mais ces grains n'auront jamais la qualité de ceux qu'on aura récoltés entièrement desséchés. Le grain sec ne craint plus rien ; aucun insecte ne l'attaque ; les rats n'y touchent jamais. Le grain de semence se conserve dans les gousses et n'est battu qu'au printemps.

Le haricot conserve longtemps sa faculté germinative ; on peut semer de la graine de deux et trois ans. Il paraît même que la semence de deux ans est préférable à celle de l'année ; qu'elle donne des plantes plus vigoureuses et plus fécondes.

Le haricot est très nourrissant et fort apprécié dans nos campagnes, surtout depuis que la maladie de la pomme de terre rend si difficile la conservation de ce tubercule.

POIS. — On cultive deux sortes de pois dans les champs : le *pois blanc,* pour la nourriture de l'homme et des animaux domestiques ; le *pois gris* ou *bisaille,* qui est consommé uniquement par les animaux, soit en vert, soit en grains.

Le pois gris sera mentionné dans les plantes-jachères étouffantes; son grain n'a pas assez de prix pour qu'on lui donne toutes les façons exigées pour la première sole. C'est le pois blanc qu'on y fait entrer, en le traitant de la même manière que le haricot.

Dans les terrains granitiques, les chaulages lui sont particulièrement favorables; et c'est surtout sur les sols argilo-calcaires qu'on le voit pleinement réussir.

Le pois résiste très bien aux petites gelées; d'un autre côté, sa croissance s'arrêtant dès que la terre a perdu sa fraîcheur, il faut le semer aussitôt après les grands froids. Le seul inconvénient alors est de remuer la terre chargée d'humidité; c'est pourquoi l'on préfèrera, pour cette culture, les terrains légers et chauds aux terres argilo-siliceuses et froides.

Le pois se sème de la manière qui a été indiquée pour le haricot; les façons et binages sont les mêmes.

On ne peut ramer les pois en plein champ comme on le fait dans les jardins; mais il est quelques moyens économiques d'y suppléer. En mélangeant un quart au plus de fèveroles dans la semence, cette plante droite, ferme et élevée fournit aux pois de nombreux appuis ; ou bien on plante, à la suite les uns des autres, de grands rameaux de bois sec, qu'on entaille d'un coup de serpe à 50 centimètres de terre, et dont on incline le sommet sur les lignes qu'ils couvrent de toute leur longueur. Les pois s'y attachent bientôt et ne sont plus exposés à pourrir collés sur la terre.

On n'attend pas, pour enlever la récolte des pois, qu'ils soient entièrement secs; il suffit que les cosses inférieures soient mûres. La plante, arrachée de terre, reste exposée au soleil jusqu'à ce que la dessiccation soit complète; traitée de cette manière, quoique dépouillée de son grain, elle sera encore un très bon fourrage pour les animaux des espèces bovine et ovine.

Le produit des pois est fort incertain et très irrégulier, selon la qualité du sol et la température qu'ils ont eu à subir. On compte, en moyenne, sur 16 à 18 hectolitres de grains par hectare.

Le grain du pois est attaqué par un insecte *(la bruche des pois)* qui lui cause un grand dommage, principalement lorsqu'il a mûri par une chaleur vive et prolongée. Néanmoins il fournit à l'homme un mets nourrissant et sain. Réduit en farine, il convient beaucoup aux veaux sevrés, ainsi qu'aux moutons et aux porcs à l'engrais.

FÈVEROLE. — La *fève des champs* ou *fèverole* est une plante vigoureuse, à feuilles épaisses et charnues, à racines peu volumineuses, tirant sa substance autant de l'atmosphère que du sol, en conséquence peu épuisante. Elle réussit dans les terrains les plus forts et les plus compacts; ceux qui sont très légers ou trop humides lui sont seuls contraires. Ne craignant que les froids extrêmes, elle doit être semée dès la fin de février, si l'état du sol le permet, et pas plus tard que la fin de mars; car si la sècheresse la saisit dans les premiers temps de sa croissance, sa réussite est fort compromise. C'est par ce motif qu'il serait préférable de semer en octobre et jusqu'en novembre la variété d'automne, ainsi qu'on le pratique dans les régions chaudes et dans les terres très saines; mais nos terrains argilo-siliceux comportent peu cet usage, parce que les fortes gelées y exercent une action

plus vive que sur les autres terrains; et que les fréquents dégels en arrachent aisément de jeunes
plantes très peu enracinées.

Quoique la fève perce bien l'argile la plus tenace,
il n'en faut pas moins lui donner deux bons labours
avant de la semer. On sème de trois manières :
d'abord avec le semoir; ou bien à la main et sous
raie peu profonde; ou enfin en jetant la graine
entre deux raies, dont l'une est refendue pour la
recouvrir. Le semis à la volée n'est pas convenable,
parce que la herse n'enterre pas la semence assez
profondément. Selon le mode d'ensemencement,
on emploie de deux à trois hectolitres de semence
par hectare.

Afin de pouvoir biner avec la houe à cheval, on
conserve entre les lignes un espace égal à la largeur de l'instrument; mais la récolte sera plus
abondante, et la terre aussi bien préparée, en ré-
duisant la distance de moitié et en binant à la
pioche.

Au moment où l'on voit percer les premières
plantes, un hersage est nécessaire pour ameublir
la superficie et détruire le germe des mauvaises

herbes. On donne un sarclage lorsque la plante est bien développée; plus tard on juge de l'opportunité d'un second binage, qu'on remplace très avantageusement, du reste, par un buttage qui est plus économique et beaucoup plus efficace.

Bientôt la terre se couvre d'une riche végétation; c'est alors qu'on voit quelquefois survenir une myriade de pucerons, dont on prévient les ravages en enlevant le sommet de la plante, qu'ils attaquent de préférence, attendu qu'il est plus tendre et plus succulent que le reste de la tige.

Les étés frais et pluvieux sont favorables à la fèverole; aussi les vignerons disent-ils qu'ils n'ont jamais en même temps une belle récolte de fèves et du vin de bonne qualité.

La récolte s'exécute rarement à la faulx, et plutôt à la faucille, quelques jours avant la dessiccation complète de la plante; on la laisse javeler et on la rentre liée en fagots lorsqu'elle est entièrement sèche.

Le produit moyen en graines est de 18 à 20 hectolitres par hectare.

La fèverole donne au froment une excellente

préparation et fournit des produits abondants, qui ne sont pas, à la vérité, d'une vente toujours assurée. Le grain entier, détrempé à l'eau jusqu'à ce qu'il commence à germer, est une bonne nourriture pour le cheval ; mais comme il est échauffant, il faut en user modérément. En farine, il nourrit et engraisse les animaux. On remarque que les porcs engraissés avec la farine de fève acquièrent une graisse de bonne qualité, mais plus intérieure qu'apparente à l'extérieur. Là fleur de cette farine est mélangée en petite quantité, par quelques boulangers, à celle du froment qui donne alors une pâte un peu plus consistante, d'une nuance et d'une saveur agréables.

LENTILLE. — On ne cultive communément que deux variétés de *lentilles;* la grosse, pour son grain principalement, quoiqu'elle fournisse aussi un bon fourrage, et la petite, plutôt pour son fourrage que pour son grain. L'une et l'autre redoutent les terrains froids et humides, et ne réussissent qu'en terre légère, soit siliceuse, soit calcaire, naturellement substantielle, ou rendue telle par des amendements et des engrais. C'est la première de ces variétés qu'il convient d'admettre comme récolte sarclée.

La nature du terrain qui lui sera destiné permet de ne le labourer qu'au printemps, à moins qu'on ne préfère fumer et chauler la place avant l'hiver, afin de n'avoir plus à donner au printemps qu'un seul labour avant de semer ; et, en même temps, pour que la plante, qui est délicate, se trouve immédiatement en contact avec un engrais consommé.

La lentille se sème du commencement à la fin d'avril. La graine est déposée, par petits groupes de 5 à 6 grains, au fond des raies d'un dernier labour, en laissant entre deux lignes une ou deux raies sans semence, selon que les binages devront être faits à la main ou à la houe à cheval ; un coup de herse légère enfouit la semence. Il en faut 80 à 100 litres par hectare.

Le feuillage de la lentille étant peu fourni, laisse croître un grand nombre de mauvaises herbes qui exigent, à différentes époques, et suivant les besoins, des binages répétés. Ces binages et les frais qu'ils occasionnent, l'extrême ameublissement que doit avoir le sol, et dont ne sont pas trop susceptibles nos terrains à sous-sol d'argile, la nécessité d'une exposition abritée, restreignent beaucoup la culture de la lentille, malgré l'excellence de son fourrage peu abondant mais très substantiel, et la valeur de son grain qui est assez recherché.

La plante se récolte avant d'être entièrement desséchée. On la coupe à la faucille, ou à la faulx, dès qu'on a vu jaunir les gousses inférieures ; puis on la rentre après un javelage de quelques jours ; toutefois on la préserve de la pluie qui gâte le fourrage et noircit le grain.

La lentille est battue au fléau ; son grain procure à l'homme une nourriture très saine, et sa plante, lorsqu'elle a été récoltée légèrement verte encore, ne le cède pas en qualité aux meilleurs fourrages.

LUPIN. — Quelques autres légumineuses seraient susceptibles d'être employées comme plantes-jachères sarclées, et trouveraient leur application dans certaines circonstances particulières ; mais elles présentent des inconvénients qui permettront difficilement de les propager. Ainsi le *lupin,* fort apprécié en Italie et dans le midi de la France, où il procure une bonne nourriture à l'homme par son grain, aux animaux par son feuillage, et la fécondité au sol par l'enfouissement de ses tiges vigoureuses et touffues, n'offre plus les mêmes avantages dans nos climats. Sa graine, qu'il faut tirer de loin, coûte cher; comme il redoute le froid, on ne peut le semer qu'après l'hiver, et, sa végétation étant très prolongée, sa graine ne mûrit pas constamment; si l'on réussit à la recueillir mûre, on ne trouve pas à s'en défaire.

Un essai tenté à la Ferme-école de Tavernay a donné ces différents résultats, et n'a pas été renouvelé. Il est vrai qu'ayant enfoui la plante qui n'avait pu mûrir, l'année suivante, sans addition d'autres engrais, nous avons recueilli un beau froment à sa place. Le lupin pourra donc figurer dans la liste des plantes-jachères étouffantes; ses produits ne méritant pas de le compter ici parmi les plantes sarclées améliorantes.

POIS CHICHE. — Le *pois chiche,* qui utilise beaucoup de terres légères dans le midi, ne produit ici ni suffisamment de grains, ni un fourrage assez abondant pour compenser les frais de sa culture.

IV. — Plante-jachère sarclée graminée.

MAÏS. — Le *maïs, blé de Turquie, turqui,* peut supporter des températures très diverses. Quoiqu'il soit originaire des tropiques, il prospère jusque dans le centre de la France ; sa culture y a même pris, sur quelques points, une grande extension, qui serait encore plus considérable s'il ne lui fallait, sous cette latitude, et en dehors des pays de plaine ou des terrains calcaires, une exposition abritée du nord, avec un sol substantiel et léger.

Dans l'Autunois, la grande variété commune, celle qu'on cultive généralement en Bresse, ne mûrit pas tous les ans ; en sorte qu'on ne doit compter d'une manière un peu certaine que sur le *quarantain,* qui croît beaucoup plus rapidement, mais dont le produit est bien moindre.

Cependant nos terrains siliceux, et même argilo-siliceux, situés à l'exposition du midi, lorsqu'ils ont reçu des amendements et d'abondantes fumu-res, peuvent produire le maïs ; et quoique, par prudence, il convienne de n'en pas risquer une trop grande étendue, il est à souhaiter qu'on introduise dans nos cultures alternes cette plante, l'une des meilleures récoltes-jachères dont on puisse faire précéder le froment.

Le maïs exigeant une terre meuble, on donne préalablement deux labours, le premier avant l'hiver ou de bonne heure au printemps ; le second immédiatement avant celui des semailles, qui ont lieu dès qu'il n'y a plus de gelées à craindre, ordinairement en avril. Après un dernier hersage, le sol bien nivelé reçoit encore un labour peu profond pour enterrer les amendements et engrais ; puis on sème au fond des rigoles séparant les traits de charrue, par augets ou groupes de trois grains, espacés à un mètre et enfoncés de 2 à 3 centimètres. Si le semis se fait à la main, le semeur enfouit et couvre à mesure la semence ; s'il s'exécute au semoir, le rabot de raie fixé derrière l'instrument complète de même l'opération. Un espace de 1 mètre sépare également les lignes entre elles.

Comme la terre reste longtemps nue et dégarnie, il est important de l'utiliser, ce qu'on obtient

en semant sur toutes les raies et, par mètre de longueur, trois groupes de grains au lieu d'un. Lorsque les plantes ont pris quatre à cinq feuilles, tous
les augets sont réduits à un seul pied ; les autres
sont arrachés et portés au bétail. C'est alors qu'on
donne un binage, soit à la pioche si l'on a semé
sur toutes raies, soit à la houe à cheval si l'on a,
dès le principe, espacé les lignes à 1 mètre. Lorsque des groupes ont totalement manqué, on repique à leur place les plus beaux pieds choisis
parmi ceux qui ne doivent pas rester, et qu'on lève
soigneusement en mottes avec une houlette, afin
d'assurer leur reprise ordinairement lente et difficile. Quinze jours après, on finit d'enlever les
plantes intercalées, qui procurent encore un excellent fourrage vert, et l'on butte le reste avec la
charrue à deux versoirs.

Au moment du buttage, on retranche les tiges
latérales partant du collet des plantes et qui les
épuiseraient sans utilité.

Les fleurs mâles, formant des panicules au sommet de la plante, doivent être coupées après la fé-
condation des fleurs femelles, c'est-à-dire quand

les barbes des épis commencent à se faner. On les laisse sécher, puis on les rentre pour les donner aux bestiaux à la fin de l'hiver, lorsque les fourrages commencent à manquer.

Vers la fin de septembre, ou au commencement d'octobre, lorsque les épis se dessèchent, on les sépare de la tige. On les dépouille en enlevant les spathes ou feuillets qui les couvrent; on conserve adhérentes, mais retournées, les quatre ou cinq dernières, qui servent à nouer en faisceaux six à huit épis et les suspendre à des perches horizontales, sur lesquelles on les laisse se dessécher à l'ombre.

Le grain ne peut ainsi sécher assez pour se détacher aisément; il faut encore le passer au four. Après qu'on en a tiré le pain, on y brûle quelques morceaux de bois pour raviver un peu la chaleur, et l'on y jette une bonne quantité d'épis qu'on remue à différentes reprises, jusqu'à parfaite dessiccation.

Il est inutile d'ajouter qu'il faut s'abstenir de passer au four les épis destinés à la semence et qui sont choisis parmi les plus gros et les mieux garnis. Ceux-ci sont conservés dans un local sain et à

l'abri des rats jusqu'au printemps : au moment de
semer seulement, on détache les grains de semence,
qui conservent au reste leur faculté germinative
pendant deux à trois ans au moins. On fera bien
de ne choisir pour semence que les grains du milieu de l'épi, qui sont toujours plus nourris que
ceux des extrémités.

Quant aux épis séchés au four, on les égrène en
les frottant aux bords acérés d'une petite bande de
fer fixée transversalement au-dessus d'un baquet;
après quoi, on les vanne et on les conserve en lieu
sec.

La farine de maïs employée seule ne peut faire
du pain de bonne qualité; mise en bouillie, elle
procure à l'homme une nourriture substantielle et
saine. Son grain et sa farine engraissent rapidement les animaux, surtout les porcs et la volaille.

La farine du maïs s'échauffe assez aisément; il
ne faut faire moudre le grain que par petites quantités, à mesure qu'on doit en faire usage.

Section 2ᵉ. — *Récoltes-jachères étouffantes.*

Les récoltes-jachères étouffantes comprennent

1º des plantes céréales ; 2º des plantes légumineuses ; 3º une plante textile ; 4º diverses plantes
en mélange.

I. — Plantes-jachères étouffantes céréales.

SARRASIN. — On cultive deux sortes de *sarrasin*
ou *blé noir* : l'une, le *sarrasin commun*, dont le
grain a le nom et la forme de la faîne [1], est originaire de l'Asie et fut apportée en France par les
Maures ou Sarrasins d'Espagne; l'autre, le *sarrasin
de Tartarie*, a été importée de Sibérie depuis une
quarantaine d'années. Toutes deux ont leurs qualités et leurs défauts particuliers.

Le sarrasin acquiert une grande importance dans
notre assolement depuis l'invasion de la maladie
des pommes de terre; aussi sa culture s'étend-elle
chaque année. Il s'accommode de tous les terrains
à peu près; dans les plus riches il se développe
davantage, surtout en feuillage; mais on le voit
réussir parfaitement dans les sols graveleux, légers,
sans consistance, et jusque dans les terres de

---

[1] En latin, *fagopyrus*.

bruyère qui couvrent à peine les rochers quartzeux des montagnes. A la vérité, ses tiges spongieuses, son feuillage touffu et ses faibles racines lui font plutôt trouver sa nourriture dans l'atmosphère que dans le sol.

Le sarrasin est une des dernières récoltes qu'on sème au printemps, il ne vient donc pas accroître la multitude d'opérations à exécuter après l'hiver. Il est même une dernière et précieuse ressource pour remplacer les semis détériorés et détruits par les gelées tardives, ou par d'autres accidents. Il peut aussi succéder aux plantes fourragères hâtives données en première nourriture verte aux bestiaux, ainsi qu'aux plantes précoces enfouies comme engrais végétaux.

On a dit que le sarrasin pouvait se semer avec avantage pendant tout l'été ; cela peut être, s'il s'agit de l'enterrer comme engrais ; encore rencontre-t-il difficilement alors la température variée de pluies et de chaleurs, seule capable d'assurer sa pleine réussite. Mais si l'on veut récolter la graine mûre en temps convenable, il ne faut pas oublier que le froid le fait périr ; qu'il met quatre

mois et plus pour parcourir les différentes pé-
riodes de son existence ; que souvent des matinées
froides sévissent jusqu'au mois de mai, et qu'elles
recommencent quelquefois avant la fin de septembre. Il arrive même, quelque diligence qu'on fasse,
que la récolte retardée par un été frais et humide
éprouve des gelées précoces et destructives.

On sème le sarrasin, autant que possible, du 1er
au 15 de mai, après deux labours exécutés, l'un,
dès que la terre est suffisamment ressuyée ; c'est le
plus profond ; et le second, précédé d'un hersage,
au moment de semer. Ce dernier enterre la chaux
et le fumier, et donne aux planches leurs dimensions définitives.

On sème très clair; il suffit d'un demi-hectolitre
de semence par hectare, si l'on veut récolter le
grain ; on double cette quantité quand on doit enfouir la plante verte. La graine est recouverte par
un hersage très léger. Pour peu qu'il y ait de fraîcheur dans le sol, la semence lève promptement,
mais la jeune plante demeure stationnaire si la sècheresse survient. Pendant le premier mois, la
terre reste misérablement dégarnie et semble à peine

être ensemencée. S'il tombe en ce moment quelques pluies, on voit se développer une forte végétation, et déjà la fleur commence à apparaître ; bientôt les plantes se ramifient, s'enchevêtrent les unes dans les autres, forment une couverture épaisse qui concentre sur la terre les gaz vivifiants recueillis dans l'air, et étouffent jusqu'à la dernière plante nuisible. On conçoit le ravage qu'occasionneraient dans ces plantes touffues et fragiles les hommes et les animaux qui pourraient les parcourir ; il faut donc tâcher de leur en interdire l'accès. Cependant, comme il est utile de visiter quelquefois les champs ensemencés de sarrasin, et très difficile d'en éloigner les chasseurs attirés par le gibier toujours abondant sous un tel abri, on fera bien d'y ménager quelques sentiers qu'on utilise par une plantation de pommes de terre ou d'autres plantes qui ne craignent pas d'être foulées.

Une fois semé, le sarrasin, jusqu'à sa récolte, ne réclame aucun soin manuel ; les sarclages lui sont inutiles, puisqu'il ne laisse croître aucune autre plante et qu'il maintient le sol dans un état d'ameublissement favorable aux récoltes suivantes.

Il ne faut point attendre, pour récolter le sarrasin, la maturité complète de ses grains ; on risquerait de perdre les plus mûrs, sans obtenir la
maturité des autres. De même qu'elle fleurit très
longuement et pendant plusieurs mois consécutifs,
cette plante porte aussi des graines mûres tandis
que d'autres sont à peine formées. La récolte est
abattue lorsqu'une partie seulement des semences
a atteint sa maturité ; beaucoup de celles qui sont
encore à l'état laiteux mûriront par le javelage et
dans les meules. Les tiges coupées à la faucille sont
dressées les unes contre les autres par petits faisceaux, et restent ainsi pendant quelques jours,
après lesquels on les met, dans le champ même,
en meules de 2 à 3 mètres de hauteur et autant de
diamètre, que l'on couvre d'un capuchon de paille.
Après un intervalle de douze à quinze jours, on
rentre les meules sur des chars au fond desquels
on étend des draps pour empêcher la chute du
grain.

Il ne faut pas ajourner le battage, car les tiges
n'ayant pu se dessécher encore, fermenteraient à la
grange et détérioreraient le grain. Les tiges battues

sont entassées à l'extérieur, ou placées sous un abri, s'il est possible.

Lorsqu'on sème le sarrasin dans le seul but de créer de l'engrais, on l'enfouit lorsqu'il est parvenu à sa plus grande élévation, après l'avoir roulé pour faciliter l'opération. Mais il est une meilleure manière d'en tirer parti ; c'est, lorsqu'il est arrivé à ce point de croissance, de le faire consommer en vert à l'étable par le bétail ; on obtient ainsi une masse considérable d'un fourrage passable, et, par suite, un engrais supérieur à la plante enfouie. Il est rare qu'on en fasse du fourrage sec pour l'hiver, cependant on serait heureux de recourir à cette ressource dans des cas extraordinaires, par exemple, si les foins naturels avaient manqué.

On récolte en moyenne 20 à 25 hectolitres de grain par hectare ; parfois on en a beaucoup plus, mais souvent beaucoup moins aussi. En effet, la réussite tient, ainsi qu'il vient d'être dit, à des alternatives de pluie et de chaleur ; mais si les pluies sont longues et continues, la plante croît, fleurit indéfiniment et ne mûrit pas ; si les chaleurs sont excessives, ou si le vent du sud domine au moment de la plus grande floraison, les fleurs avortent et ne fructifient pas.

Quoiqu'on ait vu réussir des semis de trèfle et de luzerne dans le sarrasin, on ne peut en conseiller l'application, car souvent ces plantes fourragères y seraient étouffées comme le sont les mauvaises herbes. D'ailleurs l'ordre régulier de l'assolement quinquennal s'en trouverait interverti, puisqu'un blé doit succéder aux plantes-jachères et précéder les fourrages artificiels.

Le sarrasin de Tartarie est, sous certains rapports, inférieur à la variété ordinaire ; son grain est plus petit, plus dur, légèrement amer et d'une vente moins facile ; il s'égrène aisément et nécessite plus de précautions à la récolte. Ces inconvénients sont fâcheux ; mais il a des qualités qui le font beaucoup apprécier et cultiver depuis quelques années. Il est plus hâtif, laisse les terres libres dès le mois de septembre et ne retarde jamais l'emblavure des céréales d'automne. Ses fleurs n'avortent pas aussi fréquemment, ses produits sont plus réguliers et plus assurés ; les animaux le mangent aussi bien et sa farine les engraisse rapidement.

8

La longue floraison du sarrasin, surtout de la variété commune, est très favorable aux abeilles qui vont en foule y prendre leur pâture lorsque les sècheresses de l'été font disparaître les autres fleurs.

Le grain du sarrasin, après avoir été battu, doit être étendu au grenier et souvent remué pour achever sa dessiccation. Il est employé à une foule d'usages ; on le donne entier aux volailles, aux porcs, et même aux chevaux au lieu d'avoine. Réduit en farine, seul ou mélangé aux aliments cuits, solides ou liquides, il engraisse les bêtes bovines, les moutons, les porcs et les volailles. Il procure en outre aux habitants des pays montagneux et pauvres un aliment sain et très économique ; on en fait de la bouillie, des galettes assez nourrissantes ; mais on n'en peut faire qu'un pain de mauvaise qualité, quoiqu'il ne soit pas dépourvu du gluten qui rend les céréales propres à la panification.

En somme, le sarrasin, malgré ses défauts, présente des avantages tellement nombreux, variés et positifs, qu'on doit le considérer comme une des plantes-jachères les plus utiles et les plus améliorantes.

MAÏS. — Le *maïs*, présenté déjà comme une des
plantes-jachères sarclées les plus importantes, peut
encore, traité différemment, devenir une récolte
étouffante, donner un fourrage vert de première
qualité et disposer la terre à produire de belles
céréales. Les labours préparatoires, avec amendements et fumiers, sont les mêmes que pour la culture en lignes ; mais on le sème à la volée et beaucoup plus épais. Lorsqu'il est bien développé, et
avant la formation des épis, on en fauche un peu
chaque jour, pour le distribuer, à l'étable, aux
vaches laitières ou nourrices, aux jeunes bêtes
bovines, aux moutons : il convient à tous admirablement.

La fauchaison terminée, un labour enfouit le
reste de la plante, et l'on a souvent encore le temps
de semer une récolte dérobée de raves ou de navets,
auxquels succède, en automne, une céréale d'hiver,
ou, si l'extraction des racines s'est faite trop tard,
au printemps une céréale de mars.

Pour faire économie de semence, on peut employer le maïs à petits grains, dont un épi produit
infiniment plus de plantes, et notamment une

variété nouvellement introduite dans l'Autunois
sous le nom de maïs-froment, ayant les grains
petits, allongés en pointe et fort nombreux. Cette
variété donne du reste des tiges d'une belle dimension et des épis plus grands que ceux du quarantain.

II. — Plantes-jachères étouffantes légumineuses.

VESCE. — La *vesce,* dans l'Autunois *branchère,*
dans le midi de la France *pesette,* est une plante
améliorante très anciennement cultivée. On en
connaît principalement deux variétés, qui n'en fai-
saient probablement qu'une seule dans l'origine :
l'une se sème en automne, l'autre au printemps ;
la première a le grain plus gros, la tige plus ra-
meuse et plus forte ; l'autre, moins vigoureuse, a
le grain plus petit et de couleur plus foncée.

Cette plante réussit admirablement dans les terrains calcaires et argilo-calcaires ; elle peut supporter ceux qui sont compacts et forts, et donner
encore de bons produits dans les terres siliceuses

et argilo-siliceuses ; elle redoute les sols trop humides et renfermant des eaux stagnantes. Quoiqu'elle tire une bonne partie de sa nourriture de l'atmosphère, ses racines menues et pivotantes exigent un labour profond ; elle prospère d'autant plus qu'on lui donne plus d'engrais, et surtout d'amendements dans les terrains non calcaires.

A titre de plante-jachère, elle doit recevoir d'abord un labour préparatoire profond ; puis un autre plus superficiel avant les semailles. On enterre la semence par des hersages répétés, afin d'abattre les épaisseurs de terre qui la couvriraient trop, et de bien aplanir le terrain sur lequel on fauchera plus tard. Pour récolter en fourrage vert, ce qui est le véritable procédé améliorant, il faut 3 hectolitres de semence par hectare. Il vaut même mieux en semer plus que moins ; les plantes n'en seront que plus épaisses et plus étouffantes, tandis que, semées trop clair, elles laissent croître les mauvaises herbes qui salissent le terrain et le disposent fort mal à la production des céréales.

La variété d'automne réussit médiocrement dans nos climats froids et sur nos terrains argilo-siliceux, qui déchaussent beaucoup à la fin de l'hiver ; elle résisterait mieux dans les terrains purement siliceux. Lorsqu'on peut la sauver, elle est d'une grande ressource au moment où les fourrages secs deviennent rares, ou manquent entièrement.

A raison de son utilité, il faut toujours l'essayer, du moins dans de petites proportions, la placer aux lieux les mieux abrités et exposés, la semer en octobre, rebomber les planches un peu plus qu'on ne ferait au printemps, bien vider les sillons pour faciliter l'écoulement des eaux pendant l'hiver. Mais, ce qui n'est pas un de ses moindres avantages, c'est qu'on peut, au moyen de quelque stimulant, comme le plâtre, les cendres de bois ou de tourbe, lui faire produire une seconde coupe, ou encore la remplacer par une autre plante-jachère, telle que rave ou pomme de terre hâtive, à laquelle succèderont également les céréales d'automne.

La vesce de printemps se sème à plusieurs reprises et à quelques semaines d'intervalle, à dater des premiers jours de mars, afin de fournir une continuité de récoltes vertes ; néanmoins, les semis postérieurs au 15 mai risquent d'être saisis par la sècheresse, ou dévastés par les altises. On la défend contre ces insectes destructeurs en répandant, ainsi qu'on le pratique pour le colza et la navette, du plâtre calciné en poudre et de la cendre de tourbe sur ses feuilles humectées par la rosée ou par une petite pluie.

Lorsqu'on veut la faire consommer en vert, on ne doit la faucher qu'au moment de la pleine floraison ; avant cette époque, le produit en serait peu considérable, le fourrage aqueux et sans qualité. Pour la confectionner en fourrage sec, on attend que la fleur soit passée, que les graines soient formées et remplissent les gousses.

C'est aussi à l'époque de la floraison qu'il faudrait enfouir la vesce comme engrais végétal ; mais on répètera, et à plus forte raison, ce qui a déjà été dit pour le sarrasin, qu'il y a double profit à la faire consommer, tandis qu'il n'y en a qu'un seul, et encore fort incertain, à l'enfouir.

On fera bien de ne pas laisser mûrir la vesce dans la première sole, car elle aurait un inconvénient fort grave : ses graines, qui se répandent inévitablement, germent et lèvent avec la céréale d'au-

tomne ; et si les froids rigoureux ne les font pas
périr, on récolte du blé tellement mélangé qu'il
n'est pas possible de le vendre. Il faut réserver la
récolte de vesces en grain sec pour la cinquième
sole que doit suivre une plante-jachère.

D'ailleurs, il ne faut point perdre de vue que
les plantes fatiguent d'autant moins le sol, qu'elles
l'occupent moins longtemps, et que ce n'est pas
dans leur période de croissance qu'elles l'épuisent,
mais presque uniquement lors du dépérissement
de leurs racines et de la maturation de leurs semences.

La vesce consommée en vert est un très bon fourrage, qui donne beaucoup de lait aux vaches et engraisse les moutons. En fourrage sec elle n'est pas
moins avantageuse ; mais on doit la conserver en
lieu très sain, car, étant de nature spongieuse, elle
s'humecte aisément, moisit et perd toutes ses qualités.

On recommande de mélanger aux vesces de printemps de l'avoine, dont les tiges leur servent d'appui et les empêchent de traîner à terre. Ce moyen n'a
pas réussi à la Ferme-école de Tavernay ; l'avoine

s'est bien développée au milieu des vesces, mais sans les soutenir et n'a servi qu'à augmenter la quantité de fourrage. Il vaudrait mieux employer à cet usage la fève dont la tige droite et ferme donnerait un appui beaucoup plus solide.

De bons agriculteurs font entrer avec succès la vesce dans un mélange qui produit un fort bon fourrage vert en été, et qui se compose, outre cette plante, de sarrasin, de pois et de maïs. Enfin, la vesce remplace parfaitement les trèfles qui auraient manqué, et dont la perte, lorsqu'une circonstance malheureuse l'occasionne, jetterait le désordre dans l'assolement entier.

LUPIN. — Le *lupin blanc,* qui a été mentionné comme pouvant, à la rigueur, figurer dans les plantes-jachères sarclées, convient davantage, comme récolte étouffante, dans nos pays où sa graine mûrit difficilement. Nos terrains les plus médiocres lui suffisent; il les épuise peu s'il est récolté mûr, et les fertilise, au contraire, s'il est consommé en vert, parce que son épais feuillage emprunte peu de nourriture au sol et lui transmet les sucs nourriciers qu'il puise abondamment dans l'atmosphère. Malgré cette qualité propre à toutes les plantes douées d'une puissante végétation extérieure, on doit lui donner des amendements et des engrais qui doublent sa vigueur. Fauché lorsqu'il fleurit, et distribué au bétail, il lui procure dans les sécheresses de l'été une nourriture rafraîchissante et substantielle. Les restes de la plante, enfouis dans un sol parfaitement nettoyé, joints au fumier que produit la consommation de son fanage, suffisent pour transformer en bonnes terres à froment de maigres terrains à seigle.

POIS. — On a vu le *pois blanc* cultivé comme plante-jachère sarclée; il se cultive aussi comme plante-jachère étouffante. Dans ce cas, on le sème plus épais, à la volée, et il en faut deux hectolitres et demi à trois hectolitres par hectare. Il reçoit les mêmes préparations que la vesce de printemps.

On le récolte soit en fourrage, aussitôt après la formation encore incomplète de son grain dans les gousses; soit en grains, qu'on laisse mûrir avant de faucher la plante. Dans le premier cas, la plante verte est consommée immédiatement à l'étable, ou bien on en laisse sécher le fourrage, que l'on conserve pour l'hiver. Dans le second cas, on bat la graine au fléau ; les fanes sont mangées par les moutons, dans la mauvaise saison ; le grain sert à la nourriture de l'homme, ou, après avoir été moulu, à l'engraissement des animaux.

Lorsqu'on a l'intention de faire consommer le pois de champ exclusivement aux animaux, en fourrage ou en grain, on sème ordinairement la variété dite *pois gris* ou *bisaille,* qui est rustique et très vigoureuse. Il en existe même une sous-variété d'automne, mais qui résisterait rarement au froid de nos hivers, et qu'on n'a pas adoptée par ce motif.

Il n'y a pas de différence, pour la culture, entre le pois gris et le pois blanc, lorsque ce dernier est semé à la volée.

III. — Plante-jachère étouffante textile.

CHANVRE. — Il ne se cultive qu'une seule espèce de *chanvre,* qui, modifiée par un climat favorable et par des soins prolongés, a produit une variété, le chanvre de Piémont, différant du type primitif par sa taille seulement. Tous deux exigent les mêmes conditions de culture et de sol ; celui qui leur convient le mieux, c'est un mélange d'argile et d'humus parfaitement ameubli.

Nous ne cultivons pas le chanvre sur une grande échelle, parce que nous avons simplement en vue les besoins du ménage et que nous manquons, pour les produits possibles, des débouchés qu'offrent à l'agriculture les ports de mer et le commerce lointain.

Le chanvre est une des plantes peu nombreuses pouvant revenir tous les ans à la même place, pourvu qu'on répare par une fumure abondante la déperdition de sucs nourriciers occasionnée par la récolte précédente.

Le fumier doit être consommé : les débris végétaux et les terreaux de basse-cour imprégnés des sucs du fumier, les curures reposées des fossés et des mares, sont les engrais employés avec le plus de succès ; il n'en faut pas moins de 20 à 25 mille kilogrammes, ou 20 à 25 chars par hectare.

Trois labours préparatoires sont nécessaires : le

premier, plus profond que les autres, est un défoncement à la charrue ; le second enfouit les engrais ; le troisième, tout superficiel, peut se réduire
à un coup d'extirpateur. Après ce dernier labour
on sème à la volée et l'on couvre la graine avec
une herse légère.

Le chanvre craindrait beaucoup les froids tardifs
du printemps ; il ne faut pas le semer avant les premiers jours de mai. On doit veiller au semis jusqu'à ce qu'il ait levé, en écarter soigneusement les
volailles qui bouleversent le sol pour y chercher
le chènevis dont elles sont très avides. On sème
épais si l'on veut obtenir une belle filasse, et jusqu'à 3 hectolitres de graine par hectare. Une forte
pluie survenant avant que les plantes garnissent le
sol, le bat et arrête la végétation ; on préviendrait
cet inconvénient en répandant sur le terrain ense-
mencé une litière de vieille paille, de chènevottes,
de fougères divisées, qui amortît la violence des
pluies, maintînt la fraîcheur dans le sol et pro-
tégeât les jeunes plantes.

Les sarclages sont peu nécessaires, car s'il
croît de mauvaises herbes, elles sont bientôt

9

étouffées par l'épaisse couverture du chanvre.

Le chènevis, comme la plupart des graines oléagineuses, rancit promptement, et perd au bout
d'une année sa faculté germinative; il est important de le bien choisir et de le changer souvent.
Pour se procurer une bonne semence, il faut semer
très clair un coin de la chènevière, où les tiges se
ramifient et prennent plus de vigueur ; ou bien on
sème des bordures de chanvre autour d'autres plantes à basse tige. La graine du chanvre de Piémont
donne des tiges sensiblement plus longues que la
variété commune et qui prennent jusqu'à 3 mètres
de hauteur ; elles auraient aussi des dispositions à
devenir plus grosses, et l'on remarquera que la grosseur des tiges s'obtient ordinairement aux dépens des
qualités de la filasse, qui alors n'est plus propre
qu'à fabriquer des cordages ou de la toile grossière.

Le chanvre est une plante dioïque, c'est-à-dire
qui ne réunit pas sur le même individu les fleurs
mâles et femelles. C'est le chanvre mâle qu'on
nomme vulgairement la femelle; cette dernière,
qui produit la semence, mûrit beaucoup plus tard
que le mâle; celui-ci commence à jaunir aussitôt

que son abondante poussière fécondante a rempli sa destination. On l'arrache dès la mi-juillet ; et la femelle cinq à six semaines après, lorsque la graine prend une nuance brune.

Les brins arrachés sont aussitôt liés par petites poignées et dressés, la graine en haut, sur le champ même, en grosses meules qu'on couvre de paille et qu'on laisse ainsi reposer afin d'y achever la maturation du grain. Après un intervalle de huit à dix jours, on défait les meules, et l'on bat le grain avec des baguettes, sur des toiles ou dans un baquet. Les poignées sont transportées et entassées dans l'eau, pour y subir l'opération du rouissage ou l'extraction d'une gomme qui fait adhérer l'écorce à la tige. La durée du rouissage est moins longue pour le mâle que pour la femelle; elle est aussi variable selon la température plus ou moins chaude de l'air et de la saison. Il faut, en temps moyen, 6 à 10 jours pour le mâle et 12 à 15 jours pour la femelle. A défaut d'eau courante, qui est bien préférable, il faut choisir de l'eau dormante qui n'ait pas encore servi au rouissage et qui ne soit pas déjà saturée de la gomme ou résine du chanvre.

Le chanvre retiré de l'eau est délié et dressé le long d'une haie, d'une palissade, d'un mur, pour y sécher. Quand il est parfaitement sec, on le lie en gros paquets, puis on le place à l'abri, dans un lieu bien aéré, d'où on le retire en détail pour le teiller pendant les veillées et les repos forcés de l'hiver. Dans les pays de grande culture du chanvre, cette opération serait un travail interminable, qu'on abrège en passant les tiges dans des machines en bois à cylindres cannelés, ou simplement à la *broye*. Il ne reste plus ensuite qu'à peigner la filasse.

Cette filasse est classée selon ses degrés d'apprêt et de finesse ; il est superflu d'énumérer ici ses divers emplois qui sont aussi nombreux qu'importants.

Le chènevis est avidement recherché par les oiseaux et les volailles ; il échauffe les poules, les fait pondre plus tôt et plus longtemps. Il est fort difficile de le protéger contre les rats et les souris ; lorsqu'il est parfaitement sec, on l'enferme dans des caisses ou des tonneaux posés debout.

L'huile extraite du chènevis sert d'aliment aux

habitants de la campagne ; on l'emploie à l'éclairage, à la peinture, à la fabrication du savon. Comme les autres graines oléagineuses, le chènevis rend beaucoup moins d'huile immédiatement après la récolte que deux à trois mois plus tard.

Le froment qui succède au chanvre trouve un sol riche et meuble, dans lequel il ne peut manquer de prospérer. On doit seulement craindre de l'y voir verser ; aussi faut-il, lorsqu'on s'aperçoit qu'il est trop vigoureux en hiver, y faire passer les moutons ; mais on n'attendra pas pour cela qu'il se soit développé au printemps.

Un terrain qui a pu produire de beaux chanvres est amélioré pour longtemps ; il n'y a plus qu'à l'entretenir dans cet état de fertilité. On ne saurait trop engager les cultivateurs à changer souvent l'emplacement de leurs chènevières, pour ensuite les faire participer successivement à l'ordre régulier de l'assolement. [1]

---

[1] Il est fâcheux que l'ordre rationnel de l'assolement sépare des plantes de la même catégorie, par exemple le chanvre et le lin ; mais si la première réunit toutes les qualités essen-

IV. — Plantes-jachères étouffantes mélangées.

Les plantes étouffantes, qui prospèrent semées seules, peuvent, à plus forte raison, remplir leur utile destination mélangées ensemble. Alors, chaque espèce puise dans le sol une plus large part des sucs nourriciers qui lui conviennent spécialement, concourt plus activement à former une couverture épaisse, et compose, avec les plantes voisines, un fourrage varié, très propre à exciter l'appétit des animaux. On doit ne faire entrer dans le mélange que les plantes susceptibles de réussir sur le terrain qu'on leur destine, et choisir, pour les semer, les époques et la température qui leur conviennent. On fera bien de répandre successivement les graines de grosseurs différentes, en faisant en

tielles des plantes-jachères ; la seconde, qui épuise le sol et ne peut par son feuillage grêle concentrer les gaz fertilisants ni étouffer les plantes nuisibles, en est absolument dépourvue. Sa place est à la quatrième sole.

sorte que la totalité ne fasse pas un semis trop épais.

Dans nos terrains granitiques, un mélange composé de maïs, de vesce, de sarrasin, aura toutes chances de réussite. Dans les terrains très argileux, on y ajoutera la fèverole ; dans les terres calcaires, les pois ; enfin, on modifiera le semis selon la nature du sol.

Toujours on aura soin de faucher avant que les plantes ne mûrissent leurs semences, par le motif déjà exprimé que c'est à cette époque qu'elles fatiguent et épuisent la terre ; et aussi parce qu'à ce degré d'avancement le fourrage est toujours plus abondant et plus consistant sans être dur.

Pour les préparations et tous les soins à donner, il faut se reporter à l'article du maïs-fourrage.

Selon l'époque de la fauchaison, on pourra prendre encore une récolte intercalée, ou ne donner le coup de charrue qu'au moment de semer une céréale d'automne.

Afin d'éviter des redites fatigantes, il n'a pas été répété, pour chacune des plantes et des cultures dont l'énumération précède, que c'est à la première année de l'assolement quinquennal que doit s'appliquer la seule fumure, et, si l'on opère sur un terrain non calcaire, l'unique chaulage des cinq années. Cette double opération est rigoureusement indispensable. Le chaulage ne doit pas être moindre de 48 hectolitres de chaux (mesurée en pierres calcinées) par hectare; la fumure doit garnir la superficie entière du sol. Nos bons cultivateurs emploient au moins 18 chars ou 18,000 kilog. de fumier par hectare. Tous leurs soins doivent tendre à en accroître encore beaucoup la quantité, car ils doivent rester convaincus que, de longtemps, l'excès n'est pas à craindre et que l'abondance de leurs récoltes sera toujours proportionnée aux amendements et engrais qu'ils auront appliqués avec intelligence.

CHAPITRE II.

DEUXIÈME SOLE.

————

La culture alterne, qui fait succéder les unes aux autres des plantes d'organisation et de familles différentes, est un des principaux moyens d'améliorer la terre. L'assolement quinquennal, fondé sur ce principe, n'admet d'exceptions qu'à sa dernière année.

On n'a pas vu figurer une seule plante céréale épuisante dans la première sole; la deuxième, au contraire, n'en comprendra pas d'autres. On ne les y reçoit pas toutes indifféremment; leur choix doit être déterminé par la nature et l'état de fertilité du terrain. Autant que possible, on préfèrera

les espèces d'automne, qui sont les plus productives, et parmi elles le froment et le seigle, parce
que leur grain et leur paille ont plus de valeur et
qu'ils assurent mieux la réussite des plantes fourragères artificielles.

Si l'on commence une première rotation de l'assolement dans un sol léger et graveleux, et si l'on
peut disposer du terrain dans le mois de septembre, on sème du seigle. Mais, dès une deuxième
rotation, et si la terre a quelque consistance, il
faut semer du froment, dont le grain est aussi
supérieur au seigle que ce dernier l'est à l'avoine.

C'est seulement lorsqu'il n'aura pas été possible
d'emblaver en automne, qu'on aura recours aux
céréales de printemps.

Les deux principales céréales d'automne sont le
seigle et le froment : dans quelques circonstances,
on y ajoute l'avoine et l'orge d'hiver.

On compte dans les céréales de printemps l'a-
voine, l'orge et plusieurs variétés de seigle et de
froment.

SEIGLE. — Le *seigle* était, il y a peu d'années,
la seule céréale d'automne cultivée dans nos pays :

bientôt on ne l'y verra plus occuper que les terrains siliceux et trop légers de nos montagnes granitiques.

On ne connaît qu'une seule espèce de seigle, dont la culture a créé deux ou trois variétés, encore peu constantes, et qui paraissent revenir aisément au type primitif. Cette céréale n'est pas exigeante sur la qualité du terrain, et peut donner des produits passables dans des graviers presque inféconds. Elle ne craint pas le froid et peut résister à des températures rigoureuses; mais elle redoute la trop grande humidité, et périt en peu de jours lorsqu'elle est submergée. Sa grande précocité lui permet d'achever sa croissance avant les sècheresses et de mûrir avant les chaleurs extrêmes de l'été ; elle le soustrait aussi aux grêles et orages qui surviennent au milieu de cette saison ; elle expose, il est vrai, ses premiers épis aux dernières gelées du printemps.

Aussitôt que la terre est dépouillée des récoltes-jachères, dans la première quinzaine de septembre, un labour forme les planches de six à huit raies de charrue. La semence est répandue, à la volée, par

un semeur qui va et revient sur ses pas, afin de la
répartir plus également ; puis elle est enterrée par
la herse, qui passe d'abord sur le milieu de chaque
planche, ensuite sur les deux côtés, en couvrant
les bords des planches voisines. On termine l'opération en vidant les sillons avec la charrue ou le
buttoir.

De bons semoirs opèreraient avec plus de régularité ; mais le prix considérable de ces instruments
compliqués, la lenteur qu'ils apportent dans les
semailles, le peu d'avantages qu'ils présentent sur
le mode qui précède, ne les ont fait adopter jusqu'ici que par un très petit nombre d'agriculteurs.

Il faut semer plus clair dans les bonnes terres
que dans les mauvaises, où les plantes tallent moins.
La quantité moyenne de semence est d'environ un
hectolitre soixante-quinze litres par hectare.

Il importe beaucoup de semer de bonne heure,
afin que les plantes puissent, avant l'hiver, prendre
de la force et couvrir la terre, ce qui les prémunit
contre la sècheresse, les gelées, les alternatives de
gelée et dégel, et hâte l'époque de la récolte.

Il faut choisir pour semence le seigle de l'année, le plus beau et le plus net de mauvaises graines telles que nielle, ivraie, vesce, brôme-seigle, et changer la semence si l'on n'en possède pas de très convenable. Le choix de belle semence, joint à l'emploi des fumiers dans la récolte préparatoire, fait bientôt disparaître les plantes nuisibles, dont l'abondance affame la plante principale, ou qui souillent son grain au point de le rendre invendable. Cependant il est de mauvaises herbes qu'on extirpe difficilement ; on est obligé parfois au printemps, lorsque leurs tiges se développent, de les détruire avec l'*échardonnette*. Ce petit instrument coupe en terre les chardons ou autres plantes vigoureuses à racines profondes, et les retarde assez pour qu'ils ne puissent plus surmonter le seigle ni l'étouffer.

Il peut arriver que le seigle annonce, dès avant le printemps, une vigueur surabondante, devant produire beaucoup en feuilles et peu en grains. On y fait passer des moutons, auxquels on ne laisse brouter que les sommités ; ou bien on coupe ces sommités à la faucille. Ce moyen toutefois ne con-

vient plus lorsque les tiges ont commencé à s'élever ; il nuirait considérablement au produit : c'est
ainsi, du moins, qu'il en arrive dans nos pays naturellement peu fertiles.

Le seigle n'est pas sujet à autant de maladies
que le froment, il n'est point attaqué de la carie
ni du charbon ; c'est pourquoi l'on ne prend pas
la peine de le sulfater. Il lui survient seulement
une espèce de champignon qui prend la place d'un
grain, se projette en dehors, sous la forme d'un
ergot de poulet, et qu'on nomme en conséquence
l'ergot. Ce champignon, qui se produit surtout
dans les situations abritées et dans les années humides, serait un poison fort dangereux s'il était
abondant ; mais, d'abord il s'en trouve rarement
assez pour qu'ils soit très nuisible ; et, d'ailleurs,
comme il devient très léger en se desséchant, le
vannage le rejette aisément.

Le seigle est plutôt endommagé, soit en herbe,
soit en grain, par des insectes ou de petits animaux. A peine, dans les années humides, la semence a-t-elle levé, que des myriades de petites
limaces grises y font invasion et commencent à

ravager les jeunes semis, par places qui s'étendent graduellement. Nous avons, les premiers croyons-nous, combattu ce fléau, à la Ferme-école de Tavernay, par un moyen infaillible. Lorsqu'on aperçoit dans les semis des feuilles éraillées et souillées de bave, c'est que les limaces y ont commencé leurs dévastations. On marque les places attaquées en y plantant des branches d'arbre ; puis, après la nuit close, s'il fait clair de lune, ou de très grand matin, au moment où le jour commence à paraître, un homme portant, dans un tablier, de la chaux vive en poudre très récemment fusée, la répand à la volée, comme de la semence, sur les points indiqués et tout à l'entour. On voit immédiatement la terre se couvrir de taches blanches et écumeuses : ce sont les limaces, atteintes par la chaux, qui se couvrent de cette écume. Bientôt, pour échapper à leur supplice, elles se traînent et laissent adhérente au sol la chaux avec l'écume, en sorte que le plus grand nombre échapperait. Le semeur, afin de donner aux limaces le temps de se déplacer, remonte une autre planche, puis revient sur la première. Une seconde aspersion surprend l'insecte

déjà desséché et l'achève ; à l'instant il se roule sur
lui-même et périt.

Les mulots, souris et autres petits animaux de la
famille des rongeurs se multiplient quelquefois
assez pour causer du dommage aux blés, mais
jamais autant que les limaces, bien plus redoutables
encore dans nos terrains argilo-siliceux. Il existe peu
de moyens praticables de détruire un peu complètement ces rongeurs ; il en est un cependant qui
en diminue beaucoup le nombre : c'est de faire suivre le laboureur par un chien qui tue lestement
tous les petits animaux que découvre la charrue,
et qui comprend bientôt l'intention de son maître,
au point de ne pas le quitter un seul moment tant
que dure le labourage. C'est du moins une manière
d'utiliser les chiens qu'on conserve dans toutes les
fermes, où la plupart sont inutiles quand ils n'y
sont pas encore nuisibles. On verra, lorsqu'il sera
question du grain récolté, que le seigle a bien
d'autres ennemis acharnés.

. Beaucoup d'agriculteurs se plaignent de leurs
seigles succédant aux pommes de terre ; on peut
cependant affirmer que les seigles les plus beaux et

les plus propres se récoltent sur pommes de terre suffisamment fumées et chaulées en même temps. Si l'on en voit ne pas réussir dans ces conditions, c'est que l'extraction des pommes de terre s'est faite trop tard et n'a pas permis d'exécuter les semailles dans le courant de septembre.

Quoique le seigle ne soit pas très exigeant, il n'en faut pas moins le faire précéder d'une récolte-jachère améliorante, car il ne laisse pas que d'être épuisant ; et s'il succédait, sans nouvelle fumure, à une autre céréale par exemple, il laisserait la terre salie et fatiguée pour longtemps.

Il n'est pas toujours possible de semer du seigle d'automne en temps convenable, soit à raison de retard dans l'enlèvement des récoltes-jachères, soit parce que le terrain serait sujet à inondation ou très humide. Quelquefois encore le seigle d'automne périt pendant l'hiver ; il peut alors être convenable de semer du *seigle de mars*. Cette variété donne, selon les circonstances, et en certaines terres légères, des produits assez abondants ; souvent aussi, n'ayant pas reçu, comme le seigle d'automne, les pluies de l'arrière-saison, et pouvant à

peine profiter des premières pluies du printemps,
elle est encore trop faible à l'invasion des chaleurs
et ne donne qu'une récolte insignifiante. Cette incertitude dans le produit du seigle de mars doit
souvent lui faire préférer l'avoine ou l'orge de
printemps.

Une autre variété, qu'on a nommée *seigle multicaule,* et qui pourrait bien n'être que le *seigle de
la St-Jean,* a joui, pendant quelques années, d'un
grand renom que n'ont pas suffisamment justifié
ses qualités assez ordinaires. Vivement recommandé par quelques agriculteurs enthousiastes, comme
pouvant se semer en juin, se faucher avant l'hiver
et même encore au printemps, puis rendre une abondante récolte de grain, le seigle multicaule n'a
point réalisé ces promesses. Il n'a donné, en définitive, qu'un produit égal à celui du seigle commun soumis au même traitement, et dont il ne
diffère que par la petitesse du grain. On doit dire
cependant que cette exiguité même du grain peut
présenter un avantage s'il est destiné à fournir un
fourrage printannier; car un boisseau de seigle
multicaule, contenant un plus grand nombre de

grains, produit également une plus grande quantité de plantes, et par conséquent un fourrage plus épais ou une plus grande étendue de prairie artificielle qu'une même quantité de seigle ordinaire.

En certains pays à sol médiocrement fécond, le seigle se sème mélangé au froment ; ce mélange se nomme *méteil*. On sème l'un après l'autre ; selon les veines et la qualité de chaque partie du terrain, on augmente ou l'on diminue la quantité de chacune des semences. Les deux plantes mûrissent et se récoltent en même temps.

C'est au printemps, et dès les premiers jours de mars, qu'on sème dans le seigle la graine de trèfle, et c'est dans cette céréale qu'il se développe le plus rapidement, qu'il réussit le mieux. Cependant, comme le trèfle ne s'accommode pas de toutes sortes de terrains, s'ils sont trop légers et trop maigres on devra quelquefois lui substituer la lupuline, et le sainfoin, si, de plus, ils sont calcaires.

Le seigle se récolte lorsqu'il est sec et lorsque son grain sort de l'épi quand on le presse avec l'ongle. Il est difficile, vu la longueur de la tige, de le couper à la faulx ; on l'abat à la faucille. Il y au-

rait profit à se servir de la sape, si nos moisson-
neurs savaient en faire usage. On laisse javeler sur
terre le temps nécessaire pour dessécher les herbes
et le trèfle qui se trouvent mélangés à la paille ;
après quoi, on lie en gerbes, qu'on transporte au
gerbier ou qu'on met en meules. Pendant l'hiver,
on bat au fléau ou à la machine à battre.

Il serait long et difficile d'énumérer tous les usages auxquels on emploie la paille de seigle ; on s'en
sert principalement pour faire la litière aux bestiaux, qui la mangent aussi comme supplément au
fourrage, à défaut de paille d'avoine et de froment.
Sa force, sa flexibilité et surtout sa longueur la font
préférer à celle de froment pour lier les gerbes de
céréales ; ce sera même un motif pour cultiver
toujours un peu de seigle. Elle compose exclusivement les toits en paille dans nos campagnes. Lorsqu'on veut l'employer à la fabrication des chapeaux,
on la coupe avant sa maturité et on l'éxpose à l'air
pour la faire blanchir.

Le rendement en grain du seigle est variable :
sous le régime improductif de la jachère biennale,
il rend à peine deux à trois pour un sur les sols

légers des montagnes, et rarement cinq en plaine. Dans notre assolement, il rend de sept à neuf en moyenne et beaucoup plus de paille.

Le grain a d'autant plus de qualité qu'il est récolté sur un terrain plus léger, plus sec et plus aéré. Il donne presque autant de farine, mais beaucoup moins de fleur que le froment; en sorte qu'il n'y a nulle économie à en faire du pain, si l'on en retranche le son et les grosses recoupes. Les habitants pauvres de nos campagnes n'en mangent pas d'autre et n'en ôtent pas même le son. Les plus aisés suppriment le son et mélangent la farine de seigle par moitié avec celle de froment : c'est alors un pain plus nutritif, agréable au goût, se conservant longtemps frais et moins débilitant. On fait consommer avec avantage le seigle à certains animaux : on en fait du pain pour les chevaux; on le donne cru et sec ou cuit à l'eau aux jeunes cochons.

On a vu que le seigle, pendant la durée de sa végétation, était exposé aux attaques de divers petits animaux d'une grande voracité : il n'est pas plus tôt récolté, que de nouveaux ennemis travaillent à sa destruction avec un acharnement dont on a peine à le défendre. Indépendamment des rats et des souris qu'il attire en foule, les charançons, lorsqu'on a le malheur d'en avoir à la grange ; l'alucite, ou fausse teigne des blés, sur les greniers, causent à la récolte des dommages incalculables. On détruit par le poison les rats et les souris avant la rentrée des gerbes ; il est très difficile d'expulser les charançons du gerbier, quand une fois ils s'y sont établis. L'odeur du goudron les éloigne, dit-on ; mais on y réussirait plutôt en construisant des meules au dehors et en cessant d'amener les gerbes à la grange pendant quelques années. On protège le grain contre les alucites en le remuant fréquemment et en l'exposant à de vifs courants d'air.

Quelques agronomes recommandent d'enfouir le seigle en herbe comme engrais vert. On répètera ce qui a déjà été observé à l'égard d'autres plantes améliorantes, qu'il y a infiniment plus d'avantage à le faire consommer en vert, au moment où il met en épis, par les bestiaux auxquels il fournit une bonne nourriture précoce. Les animaux, ainsi alimentés, produisent une grande quantité d'excellent fumier. Mais lorsque le seigle a été fauché à ce degré de sa croissance, il ne faut plus compter sur une seconde coupe et encore moins sur une récolte en grains. Le mieux est de labourer immédiatement, et, pour ne pas déranger le cours de l'assolement, de semer une céréale de printemps avec une fourragère artificielle.

FROMENT. — Il n'existait probablement dans l'origine qu'une seule espèce de froment ; les variétés qu'elle a produites diffèrent entre elles par divers caractères extérieurs. On les divisera d'abord en froments d'automne et de printemps, barbus et non barbus.

Les froments d'automne forment la grande masse cultivée de cette céréale, la plus précieuse de toutes les plantes utiles à l'homme. Les variétés de printemps sont réservées, en certains pays, aux sols humides par excès, ou sujets à de longues inondations d'hiver ; elles servent encore à remplacer des semis détruits par les intempéries.

Les froments sans barbes sont généralement, et avec juste raison, préférés aux froments barbus. Le grain de ces derniers est plus dur, plus grossier, enveloppé d'une écorce plus épaisse ; mais ils réus-

sissent mieux dans les argiles compactes, tenaces
et de qualité inférieure.

Il est aujourd'hui démontré que nos terrains
granitiques, siliceux, argilo-siliceux, amendés par
la chaux, conviennent mieux au froment qu'au
seigle : et, comme à surface égale, les froments
produisent plus de grain, ce grain ayant d'ailleurs
une plus grande valeur que celui du seigle, il est
évident que le seigle doit céder la place au froment
dans toutes nos plaines, et partout où le sol peut
avoir un peu de profondeur ou de consistance.

Dans ces terrains, qui composent presque exclusivement ceux de l'Autunois, on ne cultive que les
froments sans barbes, et parmi leurs nombreuses
variétés, on a dû choisir les plus productives, car
il résulte d'essais comparatifs, longs et multipliés,
que, selon les variétés, la différence de rendement
peut être assez considérable. Le *blé de haie* ou froment velouté [1], à grains blancs et à paille creuse,
commence à être adopté assez généralement par nos
cultivateurs. Il est vigoureux, précoce, monte en

[1] Maison Rustique du XIXe siècle.

épis quinze jours avant les autres, et produit un cinquième de plus en grains blanc-doré de bonne qualité. Il est aisément reconnaissable au duvet court qui couvre ses épis, ainsi qu'à la couleur rougeâtre que prend la paille quinze jours avant la maturité du grain

Le froment dégénère promptement dans nos terrains. On doit le renouveler de temps en temps ; ce qui se fait facilement par l'importation annuelle de quelques décalitres de beau grain tiré, s'il est possible, d'un sol de nature différente et moins fertile. Lorsqu'on ne tient pas à conserver une seule variété pure de tout mélange, on sème réunis plusieurs froments : il demeure à peu près démontré qu'on obtient de cette manière un rendement en grains plus considérable.

La semence de l'année est toujours préférable et lève plus vite ; néanmoins, celle de l'année précédente peut encore être employée, surtout en la faisant tremper pendant huit à dix heures dans une lessive épaisse de cendres de bois et de chaux éteinte. Dans tous les cas, il faut rigoureusement rejeter de la semence tous les grains petits, retraits

10

et avortés ; ainsi que tous ceux qui, n'ayant pas complètement mûri, restent, après le battage, enveloppés de leur balle, et que nos laboureurs appellent *chapons*.

On ne répètera pas tout ce qui a été prescrit pour la culture du seigle et qui doit l'être également pour celle du froment : le mode de semailles, la quantité approximative de semence, les sarclages du printemps, les moyens de modérer une végétation exubérante et de détruire les insectes ou petits animaux nuisibles, sont les mêmes pour l'une et l'autre céréale [1]. Il suffira d'ajouter ici ce qui concerne plus spécialement la culture du froment.

Il est fort essentiel d'observer l'état du sol au moment des semailles ; on doit s'abstenir de semer dans une terre trop sèche, et ne pas attendre non plus qu'elle soit détrempée. Il faut saisir l'état intermédiaire convenable, et profiter des premières pluies qui surviennent à dater du 15 de septembre.

Pour ne pas être exposé à éprouver un retard préjudiciable au moment opportun, on laboure

---

[1] Voyez à l'article Seigle.

d'avance les terrains dépouillés des plantes-jachères, puis l'on attend que le premier jour de pluie
permette de semer et de herser la semence. Ce sont
surtout les terrains calcaires qu'il faut craindre d'ensemencer trop secs ; la semence y supporte mieux un
peu trop d'humidité qu'une sécheresse prolongée.

Le froment est sujet à beaucoup plus de maladies que le seigle : il est atteint de la rouille, végétation parasite qui couvre la tige et les feuilles
d'une couche pulvérulente de couleur jaune et ap-
pauvrit la plante. Il n'y a guère de remède contre
cette maladie qu'occasionnent, pendant l'été, de
longues pluies, des brouillards et des fraîcheurs.

Le froment éprouve dans ses grains et ses épis
différentes sortes de désorganisation. L'une, le
charbon, qui paraît être un champignon [1], décom-
pose l'épi entier, dès sa sortie du fourreau, en une
poussière noire qui disparaît avant la récolte et
n'a d'autre inconvénient que d'anéantir un certain
nombre d'épis. Une seconde, qui est sans doute
encore une végétation parasite, transforme les

---

[1] Uredo carbo.

grains d'un épi en corps arrondis, nommés par nos cultivateurs *grains de chènevis,* à raison de leur forme et de leur apparence avant la maturité. Ordinairement tous les grains de l'épi sont ainsi dénaturés ; d'autres fois, il en reste quelques-uns intacts. Enfin, un autre champignon, la *carie* [1], prend la place de tous les grains d'un épi, reste enfermé dans leurs balles et les convertit en une substance, d'abord pâteuse et fétide, qui se change plus tard en une poussière brune. Cette poussière, s'échappant de l'enveloppe au battage, salit tout le bon grain et le déprécie en le rendant dangereux.

Il n'y a guère de précautions à prendre contre les deux premières de ces désorganisations, beaucoup moins redoutables à la vérité que la troisième. Mais il est heureux qu'on ait découvert des moyens efficaces de combattre la carie : comme elle se transmet d'une génération à l'autre, elle finirait par rendre impossible la culture du froment.

Voici le préservatif que nous avons employé [2], avec plein succès, à la Ferme-école de Tavernay :

---

[1] Uredo caries. — [2] D'après Mathieu de Dombasle.

pour un hectolitre de froment, on fait dissoudre à froid, dans un peu d'eau, 125 grammes de vitriol bleu (sulfate de cuivre) concassé préalablement. Cela fait, on met au feu, dans une marmite en fonte n° 25, remplie d'eau, le vitriol dissous, avec une pierre à chaux calcinée de la grosseur du poing; on y ajoute une poignée de sel marin. Dès que la chaux est fondue et que l'ébullition commence, on mélange bien le tout, on le verse sur l'hectolitre de grains, qu'on remue à la pelle jusqu'à ce que tous soient bien humectés. Il est bien de laisser le grain s'imprégner de la lessive pendant quelques heures avant de le semer.

Lorsque le grain est excessivement carié, il faut le sulfater encore plus énergiquement : pour 4 à 5 hectolitres de froment, vous faites dissoudre dans l'eau chaude un kilogramme de vitriol bleu, que vous versez dans un cuvier contenant de l'eau froide. Vous y jetez le blé, qui doit baigner dans l'eau : après avoir remué, vous enlevez les grains qui surnagent et qui ne valent rien comme semence; au bout d'une heure, vous retirez le grain, vous le laissez égoutter et vous le semez le lende-

main lorsqu'il est ressuyé. Si, les semailles terminées, il restait du grain sulfaté, il faut le détruire
pour éviter tout accident, car le vitriol bleu est un
dangereux poison.

Au moyen du premier des deux modes de sulfatage qui viennent d'être indiqués, on trouve à peine
quelques épis cariés dans la récolte ; on en trouve
encore moins après le second qui exige plus de
soins et de peine.

On a recommandé de semer le froment sous raie
au lieu de l'enterrer simplement à la herse, dans
les terrains qui déchaussent beaucoup en hiver. Il
est douteux que, par ce moyen, l'on arrive au but
qu'on se propose ; car il est à noter que le blé, lors
de sa germination, forme bien une radicule, mais
qui périt aussitôt que la jeune plante, se dévelop-
pant à l'air, prend des racines au nœud le plus
rapproché de la superficie.

Au lieu de remplacer la herse, qui enfouit très
bien tous les grains à une légère profondeur assez
uniforme, par la charrue qui les enterre profondément et risque d'en étouffer une partie, il vaut
mieux supprimer la cause du déchaussement des

plantes, c'est-à-dire l'humidité surabondante ; et l'on obtient ce résultat par de profonds labours donnés aux cultures préparatoires, aux plantes-jachères, et par des rigoles d'écoulement tirées avec discernement, partout où il est nécessaire, en achevant l'opération des semailles [1]. Ces deux moyens combinés ne procurent pas seulement l'assainissement du terrain, en facilitant l'infiltration et la suppression des eaux pluviales ; ils favorisent encore l'extension des racines du blé qui résiste bien mieux au déchaussement, ainsi qu'au froid et aux sécheresses, lorsqu'il est fortement enraciné.

On fera prudemment, par exemple, de semer sous raie dans le voisinage immédiat des habitations, pour ôter aux volailles la facilité de déterrer le froment qu'elles recherchent avidement et qu'il est fort difficile de protéger contre leurs attaques acharnées jusqu'après la levée complète.

Si le froment ne doit pas être semé trop clair,

---

[1] Le drainage serait particulièrement propre à favoriser l'écoulement des eaux surabondantes et nuisibles. Voyez 1re partie, chap. 4, 1re section.

il importe encore plus qu'il ne soit pas trop épais, surtout dans un sol fertile. Si l'on reconnaissait, après la levée, que les plantes fussent trop serrées, on pourrait en détruire une partie par un vigoureux hersage. Lorsque le semeur ne se sent pas assez expérimenté, c'est alors que l'usage des semoirs serait avantageux.

Il y a des sols, ceux de nature calcaire par exemple, qui sont susceptibles de se fuser pendant l'hiver ; on fera bien de ne pas complètement les pulvériser par le hersage qui enfouit la semence ; les mottes, en s'émiettant par l'effet des gelées, donnent aux plantes une sorte de buttage ou rechaussement.

Quand la terre est trop légère, c'est une bonne pratique de la rouler après avoir semé et avant de herser. On produit un effet analogue en la faisant piétiner par un troupeau de moutons qu'on y fait passer à plusieurs reprises et qu'on peut même y parquer dans le même but.

Les semailles, s'il est possible, seront terminées avant le 20 octobre. On pourrait, à la rigueur, semer plus tard, et même jusqu'au 15 novembre ;

mais ces dernières emblavures, qui n'ont pas le temps de taller et de garnir le sol avant l'hiver, courent beaucoup de chances défavorables, et ne produisent de belles récoltes qu'autant qu'elles sont favorisées, au printemps, par de longues pluies chaudes et une douce température. Les semis hâtifs sont, il est vrai, plus longtemps exposés aux ravages des limaces qui ne disparaissent complètement qu'à l'invasion des gelées : c'est le cas d'avoir recours, si l'on en reconnaît la nécessité, à l'emploi de la chaux vive ; et le froment, dont nul accident n'interrompt plus la rapide croissance, peut bientôt braver le froid, les animaux destructeurs et les mauvaises herbes. On le récoltera bien avant les semis tardifs, ce qui est fort important à l'époque des sècheresses et des fréquents orages de l'été.

Au lieu de semer le froment, on a essayé de repiquer du plant élevé d'abord en pépinière : ce procédé, qu'on peut à peine tenter dans une exploitation très restreinte, ne présente pas des avantages suffisants pour compenser les frais qu'il entraîne.

Si, par suite d'un retard trop prolongé dans l'enlèvement des récoltes-jachères, il n'avait pas été possible d'emblaver le froment d'automne, ou si ce froment avait été détruit par quelque circonstance malheureuse ; si on habitait enfin sous un climat trop froid ou bien une contrée trop humide en hiver, on pourrait semer du froment de printemps. Cette variété talle peu, ne produit qu'un petit nombre de tiges et par conséquent une médiocre quantité de grain ; ses épis sont d'autant plus courts et plus sujets à la carie, qu'on l'a semée plus tardivement. Nous avons, dans nos pays, et dans les circonstances qui viennent d'être indiquées, infiniment plus d'avantage à semer de l'orge et surtout de l'avoine.

Il peut arriver qu'un froment, montant en épis, soit frappé d'une grêle qui le couche à terre et le brise. Il faut en faire immédiatement le sacrifice, le faucher comme fourrage ou l'enfouir comme engrais. Après un labour, on sème, avec trèfle, une graine que comporte la saison, avoine ou orge si l'on n'a pas atteint le 15 avril, sarrasin si cette époque est dépassée.

Le froment fleurit plus tard que le seigle, et sa fleur n'est point aussi exposée aux fraîcheurs et aux petites gelées du printemps. Le froment est aussi beaucoup moins sujet à l'avortement partiel des épis ; c'est une des causes de son rendement plus considérable, et l'un des motifs, parmi tant d'autres, qui doivent le faire adopter de préférence dans les pays, très nombreux en France, exposés aux gelées tardives.

Indépendamment du sarclage au printemps, tel qu'on l'a recommandé pour le seigle, il est nécessaire de parcourir la récolte après la floraison, surtout dans les parties destinées à produire de la semence, et d'en ôter soigneusement l'ivraie, le brôme, le seigle, qui peuvent se trouver à travers, et qu'on ne distingue pas du froment tant que ces plantes ne sont pas en épis.

Des pluies prolongées, accompagnées de vents violents, versent les froments, par places plus ou moins étendues, lorsque les épis commencent à devenir pesants : c'est un dommage difficile à réparer. On peut, en soulevant les tiges avec une fourche, glisser par-dessous des branchages qui séparent les épis de la terre ; mais c'est un moyen fort imparfait. Il faut se hâter de couper les froments ainsi maltraités, dès que le grain est bien formé, et les laisser mûrir quelques jours en javelles. On ne peut toutefois en tirer que du grain fort médiocre qui doit être séparé du reste de la récolte. La verse des froments provient souvent du peu de profondeur des labourages, qui ne permet pas aux racines de se développer et de donner aux tiges une base suffisamment ferme.

On a constaté que le froment récolté avant sa complète maturité fait le pain meilleur et plus beau. On peut donc le moissonner lorsque le grain est tendre encore; néanmoins, il faut attendre jusqu'à sa maturité parfaite celui qu'on destine à la semence.

On coupe le froment à la faucille, à la faulx, à la sape flamande : la faucille est seule usitée dans nos pays. La faulx abattrait le blé beaucoup plus vite et couperait la paille plus près de terre ; elle ôterait, il est vrai, de l'occupation aux femmes et aux enfants, ce qui est grave; mais elle économiserait de grandes dépenses aux cultivateurs dont les profits sont souvent si faibles. Pour faucher le froment, on l'attaque à droite de celui qui n'est pas coupé, avec une faulx garnie d'un râteau. Le fau-

cheur pose à chaque mouvement ce qu'il vient de
couper dressé contre le blé non coupé ; une femme
qui le suit armée d'une faucille, saisit la javelle et
la pose à sa droite sur le terrain dépouillé. La sape
n'a point encore été introduite dans nos contrées;
ou plutôt, les essais qui en ont été tentés par des
mains inexpérimentées n'ont pas eu de succès.

Les moyens indiqués pour préserver les mois-
sons abattues pendant des pluies persistantes sont
assez peu efficaces ; on ne connaît encore rien de
mieux que de saisir les intervalles de beau temps,
de couper et de rentrer immédiatement. Comme,
alors, l'herbe rentrée verte peut détériorer la paille
et même le grain, on fera bien de couper le blé au-
dessus de cette herbe et d'enlever seulement les
sommités des tiges. Ensuite, on fauchera le reste,
qui sera serré sec pour servir de fourrage ou de
litière aux bestiaux.

Le produit du froment dans notre assolement
n'est encore parvenu qu'à la proportion de 8 à
11 pour 1 en moyenne.

La paille de froment, inférieure à celle du seigle
pour faire les toits en paille et lier les gerbes, lui

est supérieure pour l'alimentation des bestiaux et ne vaut pas moins pour la confection des fumiers.

Le grain du froment fournit un peu plus de farine et bien davantage de fleur que celui du seigle; il est aussi plus substantiel, plus nourrissant et surtout plus recherché dans le commerce.

Lorsque du froment se trouve souillé de carie, il faut le laver dans une eau courante et sur une toile dont on tient les bords relevés au-dessus de l'eau pendant qu'on agite le grain.

Les limites de cet aperçu ne permettent pas de détailler tous les usages auxquels est employé le froment; mais on peut dire que nulle autre céréale ne reçoit des applications aussi nombreuses et aussi importantes.

ORGE. — Plusieurs circonstances peuvent empêcher de semer les céréales d'automne. L'enlèvement tardif des récoltes-jachères est déjà quelquefois un obstacle sérieux; puis ensuite, les terres, sans cesse améliorées par la culture alterne, peuvent devenir un jour tellement fertiles que les céréales d'automne finissent par couvrir entièrement la surface du sol, et ne permettent plus de

semer au printemps les plantes fourragères artificielles. Dans cette hypothèse d'une réalisation sans
doute encore fort éloignée, il faudra bien recourir
aux céréales de printemps. L'orge et l'avoine rem-
placeraient, à la deuxième sole, le seigle et le froment qui ne reparaîtraient plus qu'à la quatrième,
sur les fourrages artificiels retournés.

L'*orge* est aujourd'hui très peu cultivée dans
l'Autunois ; on a donc moins à signaler son importance actuelle, que ce qu'elle peut en acquérir dans
l'avenir. Cette plante est, de sa nature, assez épuisante, aussi difficile en terrain que le froment, et
beaucoup plus que l'avoine. Sa paille est en outre
fort loin de valoir celle de ces deux dernières céréales pour l'alimentation du bétail. C'est plus
qu'il n'en faut pour restreindre, jusqu'à nouvel
ordre, l'extension de sa culture.

L'orge exige un sol meuble et substantiel; le calcaire lui convient particulièrement, et l'on ne peut
espérer de la voir réussir complètement dans les
terres granitiques et argilo-siliceuses, qu'en les
amendant par la chaux.

Il existe plusieurs espèces et variétés d'orge : les

principales sont l'*orge carrée*, l'*orge à six rangs,*
l'*orge céleste* ou *orge nue*. Celles-ci sont à peu
près inconnues dans nos pays ; c'est la première
que nous cultivons communément, et qui se divise
en deux sous-variétés d'automne et de printemps.
Celle d'automne demande les mêmes préparations
que le froment ; et, quoiqu'elle donne un produit
considérable, comme elle a moins de valeur par
sa paille et par son grain, on lui préfère le froment,
et l'on se contente de quelques parcelles d'orge de
printemps pour les besoins de la ferme et de la
maison.

La variété de printemps se sème dans le courant
de mars et d'avril, à la volée, après deux labours,
sur le terrain qui a porté l'année précédente une
récolte-jachère. La semence est enfouie par un vigoureux hersage qui l'enterre un peu profondément. On ne doit jamais la semer avant que le
terrain ne soit parfaitement ressuyé ; l'humidité lui
serait pernicieuse. On emploie environ 2 hectolitres 50 litres de semence par hectare.

Comme toutes les céréales de printemps, l'orge
mise en terre la première, c'est-à-dire dans le mois

de mars, est la plus productive. Un autre motif doit engager à la semer au moins dès les premiers jours d'avril : c'est qu'elle doit être accompagnée d'une graine fourragère, dont les chances de réussite diminuent à mesure que la saison s'avance.

On n'a pas coutume de sulfater la semence, l'orge n'étant sujette qu'au charbon qui attaque quelques épis seulement, et que le sulfatage ne semble pas prévenir aussi sûrement que la carie.

On ne sarcle pas plus l'orge que les autres céréales de printemps. Lorsque le sol est très léger, il peut être avantageux de le rouler après les semailles ; mais il faut qu'alors il soit parfaitement sec. Si la terre venait à être battue par un orage survenu après les semailles, un léger coup de herse produirait un fort bon effet.

Il faut attendre que l'orge soit complètement desséchée pour la moissonner ; récoltée encore verte, elle donne une farine amère. On la coupe indifféremment avec la faulx ou la faucille, parce que le grain adhère assez fortement à l'épi. Comme le grain germe avec une grande promptitude, les javelles ne doivent pas rester longtemps à terre.

La paille d'orge est peu du goût des bestiaux ; son grain concassé ou moulu les nourrit et les engraisse parfaitement. Il est employé en quantités considérables à la fabrication de la bière ; et dans les contrées méridionales, où l'on récolte beaucoup d'orge et peu d'avoine, il se donne aux chevaux au lieu d'avoine. Sa farine fait un pain substantiel quoique grossier, mais beaucoup meilleur lorsqu'elle est mélangée avec celle du froment ou du seigle.

L'*orge d'hiver*, ou *escourgeon*, est fréquemment semée, notamment dans le voisinage des grandes villes, dans le but d'obtenir, au printemps, un fourrage précoce, très convenable pour mettre les chevaux au vert.

AVOINE. — Comme semence de printemps succédant aux récoltes-jachères, l'*avoine* a bien autrement d'importance que l'orge dans nos pays. Elle entre pour fort peu de chose dans l'alimentation de l'homme, du moins directement; mais tous les animaux utiles des écuries et étables, de la bergerie et de la basse-cour ne prospèrent qu'à l'aide de cette indispensable céréale. Son extrême utilité la fait cultiver en grandes masses au nord et dans le centre de la France.

Parmi les espèces et variétés d'avoine, on doit faire choix de celles reconnues les plus productives et qui sont les plus recherchées dans chaque localité. Aucune ne convient mieux à nos terrains granitiques et argilo-siliceux que l'*avoine commune*, à panicules lâches entourant le sommet de la tige; elle est d'automne et de printemps; seulement, celle que la culture a faite avoine d'automne a ses balles rayées de gris-brun.

L'avoine commune se subdivise en trois sous-variétés : l'une, à grains noirs, est la plus recherchée; une autre, à graines grises, est la plus ordinaire; la troisième, à grains blancs, est assez rare ; elle est aussi la moins robuste. La noire dégénère promptement et se mélange rapidement de gris ; on doit la renouveler partiellement chaque année.

L'*avoine pied de mouche*, espèce ou variété à tige courte et à petits grains barbus, vient dans les plus mauvais sols; elle n'a pas une belle apparence, mais les bestiaux en sont fort avides et elle donne beaucoup d'ardeur aux chevaux. L'*avoine nue* pourrait fournir à l'homme une nourriture agréable et saine ; mais elle est d'un mince produit. L'*avoine de Hongrie* ou *de Russie*, portant tous ses grains du même côté de la tige, est très productive dans les terrains fertiles, mais fort inférieure à la commune dans les terres médiocres. L'écorce de son grain est d'ailleurs coriace, et sa paille très dure convient peu au bétail : elle a en outre l'inconvénient de s'égrener aisément à la récolte ou par l'effet du vent.

L'avoine est essentiellement une céréale des latitudes tempérées, même un peu froides ; elle s'accommode de tous les sols, pourvu qu'ils soient frais ou amendés. Quoiqu'elle soit la plus rustique des céréales, il ne faut pas croire que les soins, les labours répétés, les engrais et amendements ne contribuent pas à multiplier ses produits. Les terrains vierges, les étangs desséchés, les bois défrichés, les prairies naturelles rompues lui conviennent particulièrement. Elle peut se contenter d'un seul labour sur une terre gazonnée, et développe très bien ses racines entre celles des plantes retournées. L'année suivante, elle croît avec plus de vigueur encore au milieu des plantes décomposées que ramène la charrue à la surface du sol.

C'est donc la récolte la plus propre à utiliser les débuts d'un défrichement; mais il ne faut pas, comme nos anciens cultivateurs, et comme le font encore certains fermiers, abuser de cette faculté en réitérant la culture de l'avoine jusqu'à extinction de toute fertilité. Elle ne doit être, dans ce cas, qu'une récolte de transition qui amène les terres dont il vient d'être parlé à l'état convenable pour les faire entrer dans l'assolement. C'est alors que l'avoine, à défaut d'une céréale d'automne, toujours plus précieuse, prend régulièrement place dans la deuxième sole; et c'est pour l'appliquer à cette destination qu'on doit lui consacrer les soins et les préparations qui suivent.

L'avoine d'automne est, de tous points, supérieure à celle du printemps : semée en septembre, lorsque la terre est débarrassée des récoltes préparatoires, et n'ayant plus à redouter de sècheresses dans sa première période de croissance, elle s'étale sur le terrain pendant deux mois d'automne, puis recommence à végéter avec les douces chaleurs du

printemps ; chaque pied donne plusieurs tiges robustes qui se couvrent de graines nombreuses et
bien nourries.

Il est fâcheux que tous ces avantages ne puissent
profiter à nos contrées ; l'avoine d'automne résiste
difficilement à nos hivers, et, quelque belle qu'elle
soit avant les gelées, on n'est jamais sûr de la récolter. Il n'y a d'ailleurs aucun avantage à la substituer au froment ou au seigle qui n'exigent pas de
plus grandes précautions, et sur lesquels on peut
compter avec plus de certitude. Dans les pays à
hivers fréquemment rigoureux, il faut se borner à
l'avoine de printemps.

Malgré l'assertion proverbiale, que *l'avoine de
février remplit le grenier,* nous devons bien nous
garder de la semer aussi hâtivement, lors même
que la terre se trouverait alors assez sèche pour y
mettre la charrue. Sous l'influence d'une température trop peu élevée, le grain germe difficilement,
le semis lève très clair, la jeune plante souffre et
jaunit ; la récolte, en définitive, est tout au plus
médiocre.

Ce n'est qu'en mars qu'il faut procéder aux se-

mailles, et ne pas dépasser, s'il est possible, le
15 avril. La terre, ameublie par les cultures de
l'année précédente, reçoit un seul labour aussitôt
que le hâle de cette époque l'a suffisamment ressuyée ; on peut néanmoins labourer en février et
attendre le moment opportun pour semer. Cependant, si l'on tarde de semer, il est nécessaire de
donner un second labour, ou bien un coup d'extirpateur. On choisit pour semence le grain le plus
beau et le plus propre.

Il n'y a aucun risque à faire les planches un peu
larges, la grande humidité n'étant plus à redouter
comme en automne. La semence, répandue à la
volée, est enterrée par la herse ; il n'en faut pas
moins de 2 hectolitres 50 litres par hectare, car
l'avoine, ainsi que toutes les céréales de printemps,
ne talle pas, ne donne qu'un petit nombre de tiges,
et doit toujours être semée plutôt un peu épaisse
que trop claire.

Dans certaines terres qui se durcissent prompt-
tement, si l'on a surtout labouré le sol encore un
peu humide, un léger hersage est utile pendant le
temps d'arrêt que subit la plante ; en effet il semble

qu'elle doive éprouver, même au printemps, cet
état stationnaire qui la prépare, durant l'hiver, à
développer plus énergiquement sa sève au retour
d'une température plus élevée. Nos laboureurs
disent qu'alors l'avoine *fait son hiver*. Lorsque le
sol est, au contraire, trop meuble et trop léger, on
fait bien de le raffermir par le rouleau ou par le
piétinement d'un troupeau de moutons qu'on y fait
passer et repasser plusieurs fois après les semailles.

Quelquefois la récolte est envahie par de mauvaises herbes, telles que moutarde sauvage, rave-
nelle et autres, qui couvrent l'avoine au point de
la faire disparaître ; cela annonce une terre fatiguée de porter des céréales et dépourvue d'engrais.
Le véritable remède à cet état fâcheux serait de lui
faire produire consécutivement plusieurs récoltes
améliorantes. Leurs façons multipliées, les engrais
et amendements qu'on leur consacre, leur épais
fanage détruisent et étouffent les plantes nuisibles
dont les semences ont, pour la plupart, la triste
faculté de se conserver en terre pendant plus d'une
année.

Il serait trop coûteux de sarcler les avoines ; il

faut cependant en enlever les chardons avant qu'ils fleurissent et les plantes envahissantes lorsqu'elles menacent d'étouffer la récolte.

On aperçoit ordinairement dans l'avoine un certain nombre d'épis atteints du charbon; cette maladie, comme on l'a remarqué pour le froment, n'a d'autre effet que de détruire quelques épis, attendu que la poussière noire qu'elle produit est entièrement dissipée au moment de la récolte. Si le mal devenait trop grave, on pourrait essayer de sulfater [1] la semence, quoique l'efficacité du sulfatage contre le charbon soit assez douteuse.

La paille d'avoine comptant pour beaucoup dans les produits de la récolte à raison des principes nutritifs qu'elle contient, on doit chercher à la recueillir dans les meilleures conditions, sans nuire à la qualité du grain. En conséquence, on n'attend pas que l'avoine soit complètement desséchée pour la récolter; on l'abat avant que la totalité des tiges ait perdu les dernières traces de verdure.

Il serait très économique de faucher l'avoine, si

---

[1] Voyez à l'article Froment.

la faulx ne l'égrenait beaucoup; nos cultivateurs,
par cette raison, préfèrent la faucille et trouvent,
d'ailleurs, des moissonneurs-tâcherons qui entre-
prennent la récolte à des prix très modiques. On ne
doit laisser l'avoine à terre que le temps nécessaire
pour la dessécher.

On ne saurait approuver le mode de récolte en
usage dans certains départements du centre, et qui
consiste à faucher l'avoine encore verte, à la laisser
javeler très longtemps pour opérer la maturation du
grain et dans le but avoué de le faire gonfler à la
pluie. L'avoine, ainsi traitée, ne peut avoir la qualité désirable, et la paille n'est plus propre qu'à
faire de la litière.

Tout s'utilise dans l'avoine; la paille, seule ou
mélangée avec le foin, lorsqu'on l'a bien récoltée,
est avantageusement consommée par les bêtes bovines et les moutons; les balles du grain sont encore plus de leur goût. Il est à remarquer néanmoins qu'il y a quelque danger à les donner
sèches; étant très légères, au moindre souffle
des animaux elles leur entrent dans les yeux et
s'y attachent quelquefois assez fortement pour

leur faire perdre la vue. Comme le bœuf possède
un muscle rétracteur qui fait tourner vivement à
l'intérieur le globe de l'œil au plus léger contact
d'un objet quelconque, il est extrêmement difficile
d'extraire ces balles qui adhèrent indéfiniment à la
cornée transparente. Il est donc prudent d'humecter les balles d'avoine au moment de les faire
consommer.

Mais c'est le grain de l'avoine qui produit sur
les animaux le plus merveilleux effet. Lorsqu'on
n'en récoltait qu'une petite quantité, il était naturel de le considérer presque comme une production de luxe uniquement réservée à l'usage des
chevaux. Aujourd'hui que, dans la rotation quinquennale, on en obtient deux soles abondantes,
car on verra l'avoine revenir à la dernière sole sans
fatiguer le terrain, il est bien permis d'en réserver
une portion minime, un dixième au moins, pour la
nourriture et l'amélioration des races d'animaux.

Aussitôt qu'il est possible d'administrer aux
veaux de lait un peu d'avoine mélangée aux racines hachées, comme supplément de nourriture, on
les voit croître avec une rapidité surprenante. Les

éleveurs qui n'usent pas du même moyen ne manquent point d'attribuer l'anxiété du jeune animal,
attendant sa ration d'avoine, à l'habitude de recevoir quelque drogue extraordinaire.

L'avoine n'est pas moins profitable aux agneaux,
aux petits cochons ; on sait combien elle est indispensable aux chevaux de travail et de luxe ; rien
ne rétablit aussi bien les forces des bœufs excédés
de travail. C'est pour les volatiles une nourriture
excellente et tonique qui hâte beaucoup la ponte
de toutes les femelles. On la donne moulue aux
bêtes bovines, aux cochons, aux moutons à l'engrais.

Elle n'est employée dans le ménage qu'à faire
quelques bouillies ; le pain d'avoine n'est guère
mangeable, et les progrès de l'agriculture, qui tri-
plent aujourd'hui dans nos pays la production du
froment, n'en permettent vraiment plus l'usage.

L'avoine pourrait se cultiver comme fourrage
vert à donner au gros bétail ; ce qu'on ne mentionne
ici, toutefois, que pour faire connaître tous les
usages auxquels elle serait applicable, car ce n'est
point cette destination qu'on doit lui donner dans
notre deuxième sole.

CHAPITRE III.

TROISIÈME SOLE.

On a vu la première sole se composer des plantes susceptibles de communiquer à la terre, par
elles-mêmes ou par les cultures qu'elles reçoivent,
les forces productrices dont elle aura besoin pendant l'assolement entier; la deuxième, au contraire,
ne produire que des céréales qui s'emparent d'une
partie des sucs fertilisants contenus dans le terrain,
sans lui rien restituer, du moins immédiatement.
Il est donc indispensable de n'introduire dans la
troisième sole que des plantes améliorantes, propres à réparer le dommage causé aux récoltes futu-
res. Les plantes fourragères artificielles, de la

famille des légumineuses, remplissent cette destination ; et l'une d'elles, le trèfle, est parfaitement
appropriée aux besoins et à la nature de nos terrains.

TRÈFLE. — Le *trèfle rouge,* plante vivace indigène, introduite dans la grande culture sur la fin
du siècle dernier, excita d'abord un enthousiasme
peut-être un peu exagéré, parce que son usage ne
peut être universel, ainsi qu'on l'a prétendu, et
que, dans certaines terres, calcaires par exemple,
le sainfoin et surtout la luzerne sont souvent pré-
férables. Mais, sur les terrains granitiques et argilo-
siliceux amendés par la chaux, il croît si rapidement, il entre avec tant d'avantage dans notre
assolement quinquennal, qu'il en est devenu l'accessoire indispensable et qu'il serait difficile aujour-
d'hui de supposer l'un séparé de l'autre.

Il faut à peu près 14 kilogrammes de graine de
trèfle par hectare; on le sème à la volée, dès les
premiers jours de mars, sur les céréales d'automne,
ou jusqu'à la fin d'avril sur les céréales de printemps. Dans le premier cas, l'humidité du sol,
ordinaire à cette époque, rend un hersage moins

indispensable, quoiqu'il soit généralement utile, ne fût-il donné qu'avec un fagot d'épines.

Dans le second cas, après le hersage de la céréale, on sème le trèfle qu'on parcourt ensuite superficiellement avec une herse légère ou simplement avec un fagot d'épines chargé d'un poids peu considérable.

Il y a plus de chance de réussite pour le trèfle semé dès les premiers jours de mars que pour celui qui ne l'est qu'en avril. C'est un des motifs qui doit le faire semer, autant qu'on le peut, sur céréales d'automne, plutôt que sur les céréales de printemps. Trop souvent, les gelées printanières et d'interminables pluies retardent jusqu'à la fin d'avril les semailles de ces dernières, qui sont ensuite exposées à de longues sécheresses.

Il serait avantageux de semer le trèfle en automne s'il ne courait le risque d'être détruit par les hivers rigoureux, assez fréquents dans notre climat ; aussi fera-t-on bien de n'en point hasarder une trop grande étendue, et de le semer depuis le mois de septembre afin qu'il ait le temps de prendre un peu de force avant les grands froids. C'est seulement dans les terrains médiocres qu'il faut semer avant l'hiver, car, dans les bonnes terres, le trèfle pourrait monter trop vite au printemps et nuire aux céréales.

Quelquefois, dans les étés pluvieux, le trèfle grandit également à travers les blés ; on peut en tirer un très utile parti, à la moisson, en coupant d'abord la céréale par-dessus le trèfle, puis en fauchant, immédiatement après, le trèfle et les chaumes dont le mélange produit un bon fourrage. Si l'on fait pâturer ce trèfle après la moisson, on ne doit en faire manger que la sommité pour ne pas laisser endommager le collet des plantes par la dent du bétail. Au reste, le fanage du jeune trèfle, en pourrissant sur la plante lors des gelées, lui procure un engrais qui ne la rend que plus vigoureuse au printemps.

Dans les terrains argileux et humides, l'alternative des gelées et dégels arrache souvent le trèfle ; c'est pourquoi l'on aura soin de faire écouler les eaux surabondantes dont la présence aggraverait beaucoup le mal.

Il faut se garder de faire pâturer le trèfle pendant les temps humides de l'hiver, ainsi qu'au printemps : ce serait détruire d'avance toute possibilité d'un produit abondant.

Une plante parasite, la *cuscute,* porte la destruction dans les trèfles ; il faut les visiter souvent lorsqu'on n'est pas sûr de la graine qu'on a semée, afin de reconnaître les places infestées qu'on voit jaunir de loin, et couper avec une pioche très tranchante les pieds atteints par les filaments de la cuscute, les enlever ou les brûler. On s'en débarrasserait également en brûlant, par un temps sec, de la paille sur les places attaquées, ce qui n'empêche pas le trèfle de repousser. Si l'on néglige de détruire à temps la cuscute, elle s'étend graduellement, comme une tache d'huile sur une étoffe, et finit par envahir les champs entiers qu'elle dépouille complètement. [1]

On connaît l'effet merveilleux du plâtre ou sulfate de chaux, calciné ou cru, mais pulvérisé, sur

---

[1] Comme rien, dans la nature, ne subsiste sans but, il est bon de dire que la cuscute est une de ces substances nommées en médecine aphrodisiaques, et que l'on conseille d'en faire prendre aux vaches en retard de demander le taureau.

les fourragères légumineuses : on le répand sur le
trèfle en pleine végétation, au mois d'avril de la
deuxième année, à la dose peu considérable de
3 hectolitres par hectare. On profite, pour le semer,
du moment où les feuilles sont légèrement humectées par la rosée ou par une petite pluie, en évitant de le faire lorsqu'on est menacé d'une forte
pluie qui laverait les plantes et rendrait l'opération
inutile. Quelques agriculteurs disent s'être bien
trouvés d'avoir répandu moitié du plâtre sur la
graine en la semant, et l'autre moitié dans le mois
d'avril de l'année suivante.

Il est à remarquer, néanmoins, que le plâtrage du
trèfle n'a pas la même efficacité sur tous les sols et à
toutes les expositions. Il est absolument sans effet
apparent sur nos terrains argilo-siliceux : il sera
donc prudent de ne tenter des plâtrages considérables qu'après avoir constaté leur utilité par de
petits essais préalables. Il n'y a que les chaulages
accompagnant les récoltes-jachères qui, dans les
terres dont il vient d'être parlé, assurent constamment la réussite du trèfle; on peut même ajouter
qu'il est inutile d'y semer cette plante fourragère

si elle n'y a pas été précédée d'un chaulage; la fumure la plus abondante ne saurait en dispenser.

On fauche le trèfle aussitôt qu'il commence à se mettre en pleine fleur; on devance même un peu cette époque, lorsqu'on en possède une grande étendue; car, il perd beaucoup de sa qualité lorsqu'il passe fleur, alors que ses tiges commencent à durcir et ses feuilles inférieures à se flétrir et tomber. Il n'importe pas moins de le bien conditionner, et voici comment on y procède :

Le trèfle fauché reste en *andains* ou *ondains*, c'est-à-dire tel que le dispose la faulx, pendant 24 heures, plus ou moins, selon la température. Alors, et quand sa superficie est bien sèche, on le retourne et on l'étend avec la fourche, sans le secouer; avant la nuit, on en forme des meules d'un mètre de hauteur, qu'on laisse subsister pendant deux à trois jours, après lesquels on les défait, on les étend, toujours sans secouer, et, après quelques heures de soleil, on rentre la récolte. L'opération, comme on le voit, quoique longue, n'est ni pénible ni compliquée.

S'il n'a pas été possible de préserver le trèfle de la

pluie, on y remédiera jusqu'à un certain point en le salant, ainsi qu'il sera expliqué au chapitre des prés.[1]

Dans les années favorables, c'est-à-dire humides, il serait possible de faire trois coupes de trèfle; mais ce n'est point ainsi qu'il en arrive : ordinairement la première coupe est fort abondante ; il est rare qu'aussitôt après, la chaleur ne vienne pas interrompre la végétation, qui ne reprend que plus tard lorsqu'il survient de la pluie. Alors, le trèfle vert est coupé chaque jour et consommé à l'étable, ou, s'il est trop court, on peut le faire pâturer, ou bien on le garde pour le récolter en graine.

Le pâturage n'est pas sans inconvénient, si l'on n'y veille de près et si l'on ne prend les précautions nécessaires. Il ne faut pas faire pâturer le trèfle mouillé par les animaux ruminants, non plus que les y envoyer à jeun ; ils seraient promptement météorisés et exposés à périr sur place, à moins d'être secourus à l'instant même. Cependant on remarque que le danger diminue dès que la plante est fleurie.

---

[1] Voyez 3e partie, chap. 1er, Fauchaisons.

La seconde coupe, retardée par la chaleur, arrive souvent trop tard et le trèfle n'a plus le temps de repousser avant les semailles d'automne, ce qui est fâcheux. Il vaut beaucoup mieux en récolter la graine, puis enfouir les tiges desséchées avec la fourrure verte qui a grandi par-dessous. On procure de cette manière au sol un amendement dans les tiges desséchées qui le soulèvent et le divisent, et un engrais dans le fanage vert rapidement décomposé.

On ne peut compter sur la première coupe pour récolter de la graine ; les têtes n'en contiennent presque point ; c'est la deuxième seulement qui la produit et que l'on conserve à cet effet.

Pour récolter le trèfle en graine, on laisse mûrir et sécher entièrement les tiges, puis, par un temps chaud, en évitant la rosée du soir et du matin, on enlève aisément les têtes avec le *cueille-trèfle*.

Cet instrument (voyez la figure ci-après) est une boîte découverte, munie d'une poignée et d'une anse, garnie, sur l'un de ses côtés qui est ouvert, de dents en fil de fer de 3 millimètres de diamètre espacées entre elles de 3 millimètres. Un homme

12

le saisit d'une main par l'anse, de l'autre par la poignée, et, lui imprimant le rapide mouvement d'une faulx, recueille aisément la graine d'un demi-hectare par jour. Un enfant qui le suit reçoit dans un tablier le contenu de la boîte lorsqu'elle est pleine et le porte sur une toile étendue à terre.

CUEILLE-TRÈFLE. [1]

[1] La nécessité de n'enlever que les têtes du trèfle et de les recueillir économiquement me fit imaginer et exécuter de mes mains, il y a 12 ans, ce petit instrument des plus simples; ce qu'on avait inventé dans ce but jusqu'alors ne me satisfaisant pas.

Le cueille-trèfle a les dimensions suivantes :

Longueur AA . . . . 0^m 50^c

Largeur du fond CC, bordé par-devant
d'une tôle D se repliant par-dessus
et par-dessous 16

Longueur des dents vissées dans la
tôle et le bois, aiguisées à la pointe 13

Hauteur des planchettes de rebord . 9

Hauteur du manche 42

Hauteur de l'anse, un peu inclinée en
avant 35

Ce n'est guère qu'à la fin d'août qu'on peut récolter la graine de trèfle, et bientôt après vient le
moment d'enterrer la plante elle-même pour la
remplacer par un froment. Cette dernière opération s'ajourne néanmoins jusqu'à la fin de septembre et plus tard, à raison de la sécheresse et de la
dureté du sol qu'il serait difficile d'entamer, et parce
qu'il est plus urgent d'ensemencer la place des récoltes-jachères avant les grandes pluies d'automne.
On peut même compter parmi les nombreux avantages résultant de la culture du trèfle, la possibilité d'achever toutes les autres semailles avant de

le retourner pour semer une céréale à sa place.

Un labour de 10 à 12 centimètres de profondeur suffit pour enterrer le trèfle. Chaque planche nouvelle se compose de la moitié de deux planches retournées, en sorte que l'ancien sillon devient le centre de la nouvelle planche.

Si la température est sèche, on ne doit pas semer le blé avant la pluie; beaucoup de grains s'échaufferaient dans la poussière sans lever, ou lèveraient grêles et faibles : si le temps est pluvieux, on doit, au contraire, ne labourer chaque jour que ce qu'on peut semer et herser avant la nuit. Chaque planche, composée de 6 à 8 raies de charrue, reçoit, pour couvrir la semence, trois traits de herse, l'un au milieu et les deux autres sur les bords.

Il ne s'écoule que 18 à 19 mois depuis le moment où le trèfle est semé jusqu'à son enfouissement ; on pourrait le conserver une année de plus, mais on perdrait tout le fruit de sa culture. Un second hiver en détruirait une grande partie, les mauvaises herbes y croîtraient en foule et l'on ne pourrait plus y récolter qu'un grain mélangé et sans valeur.

Pour avoir la graine de trèfle pure et mondée, on n'a rien pu trouver encore de mieux que de passer les têtes, telles qu'elles sont recueillies par le cueille-trèfle, sous la meule d'huilier qui opère assez rapidement et n'écrase pas un seul grain. La semence est ensuite séparée de sa capsule au moyen du van ordinaire. On ne doit pas laisser perdre les vannures qui contiennent encore beaucoup de grains et qu'on répand par-dessus le semis dont elles sont un utile complément.

En résumé, le trèfle, coupé en vert ou pâturé, procure au bétail une excellente nourriture en été; récolté sec, il double les fourrages d'hiver. Recueilli en graine, il est un objet important de commerce et il économise au cultivateur des frais considérables d'achat, tout en lui donnant la certitude de semer une graine de bonne qualité. Retourné en terre, il est un bon amendement et un engrais très actif, ainsi qu'on peut en juger par la vigueur prolongée des froments qui lui succèdent.

On découvre encore chaque année dans le trèfle de nouvelles qualités peu connues ou, du moins, peu signalées jusqu'ici : contrairement aux idées théoriques, le froment ne paraît pas réussir moins bien après un trèfle récolté en graine que sur cette même plante récoltée verte. Il est vrai qu'après avoir fourni sa graine elle ne périt pas comme les plantes annuelles ; qu'elle continue de végéter et que ses racines, peut-être encore plus améliorantes que la tige et les feuilles, n'en éprouvent aucun dépérissement.

Ce qui n'est pas un moindre avantage, c'est que la graine qui a échappé au cueille-trèfle, enterrée par la charrue, conserve en terre sa vertu germinative pendant trois et même quatre années, en sorte que, deux ans après la récolte du trèfle en graine, le labour suivi d'avoine couvre le sol d'un tapis de trèfle qui remplace la céréale de printemps et fournit, dès l'automne, un pâturage abondant. L'année suivante on voit paraître un nouveau semis que détruisent les binages donnés aux plantes-jachères. Enfin, après un intervalle de quatre ans, à travers le trèfle nouvellement semé, on voit reparaître des touffes de cette plante produites par l'ancienne graine et qu'on reconnaît à leur végétation plus avancée.

Un des bienfaits inappréciables du trèfle est de

permettre une seconde récolte de froment dans l'assolement quinquennal et de laisser ensuite la terre assez fertile pour lui faire porter encore une dernière céréale de printemps

Enfin, le trèfle est un inépuisable pâturage pour les agneaux et les cochons, dont il est facile de doubler le nombre dans nos fermes depuis l'introduction de cette fourragère. Ces animaux le consomment avec non moins d'avantage à l'étable, et l'on s'épargne ainsi la peine de les parquer ou de les garder au pâturage.

Il paraît qu'en certains pays on a fait abus du trèfle en le ramenant trop fréquemment sur le même sol, et que la terre en a éprouvé un effritement ou épuisement tel qu'il a cessé d'y croître. D'abord, cette remarque a été faite principalement sur des terrains très calcaires qui sont les moins convenables pour le trèfle; ensuite, il est à croire qu'un tel effet ne se produit qu'autant qu'on y laisse mûrir la graine plusieurs années de suite. Notre assolement quinquennal éloigne suffisamment le retour du trèfle, et, rigoureusement, si l'on s'apercevait de son dépérissement, on pourrait le

remplacer de temps en temps par une autre légumineuse, telle que la lupuline, ou bien une graminée comme le ray-grass.

TRÈFLE INCARNAT. — Le *trèfle incarnat, farouch*
ou *farouche,* espèce bis-annuelle, à fleurs en épis,
d'une belle couleur pourpre, n'est pas cultivé dans
l'Autunois. Il mériterait cependant de l'être, car,
sans présenter les nombreux avantages du trèfle
rouge, il peut le suppléer utilement en plusieurs
circonstances. En effet, lorsqu'un trèfle rouge a été
détruit par les limaces ou que la sècheresse l'a empêché de lever, ce qui est rare, à la vérité, dans
une terre bien cultivée, l'assolement éprouverait
une fâcheuse perturbation par l'absence d'un fourrage et d'un engrais indispensables; le farouch est
très susceptible de combler cette lacune.

Soit qu'on ait à remplacer un trèfle manqué en
totalité ou en partie, soit qu'on veuille utiliser la
place d'un froment ou d'un seigle récoltés, on
donne un labour superficiel et l'on sème le trèfle
incarnat en août et au plus tard le 15 septembre.
Il faut, par hectare, 20 kilogrammes de graine
mondée, ou, ce qui vaut mieux, 8 hectolitres, équi-

valant à 50 kilogrammes, de grains dans leurs capsules : un hersage léger couvre la semence. On ne voit guère réussir sur nos terrains un semis fait sans labour préalable, quoique suivi d'un hersage. Quand le temps est humide, la graine lève promptement : si les limaces sont nombreuses, il faut répandre de la chaux vive avant la germination des semences, car la destruction totale du semis serait l'affaire de deux à trois nuits.

Les froids rigoureux de l'hiver font quelquefois périr cette plante, ce qui indiquerait qu'elle appartient plutôt aux contrées méridionales qu'à nos climats ; au reste, elle résiste très bien aux froids ordinaires.

Le farouch réussit d'autant plus sûrement que la terre a été mieux fumée, chaulée et cultivée précédemment ; il grandit de bonne heure au printemps, fleurit et peut se couper quinze jours avant le trèfle rouge. Donné vert à l'étable, à l'apparition de la fleur, c'est une nourriture excellente ; desséché, ce n'est plus qu'un très médiocre fourrage : son plus grand mérite est donc de procurer aux bestiaux la première nourriture verte du printemps et de faire assez tôt place à une autre culture.

Aussitôt après la coupe unique, car il ne faut pas en espérer une seconde, on retourne à la charrue les restes de la plante, et l'on fait succéder encore une autre récolte améliorante, à moins qu'on ne préfère, après ce labour, attendre les semailles d'automne.

Nous n'avons pas essayé de récolter la graine au cueille-trèfle; il est à croire qu'on aurait le même résultat que pour le trèfle commun.

Comme la graine enveloppée de sa capsule lève beaucoup mieux que celle qui est nue, les cultivateurs qui la récolteront eux-mêmes se contenteront de diviser les têtes en les battant au fléau.

LUZERNE. — La luzerne est la plante fourragère par excellence des sols profonds, substantiels et modérément calcaires; elle est à peine connue dans nos pays à terrains granitiques et argilo-siliceux. Nous ne devons pas désespérer de la posséder un jour; mais il faut auparavant que nos terres aient été défoncées par de profonds labours, amendées par des substances calcaires et par les cultures améliorantes des assolements alternes.

Cette plante, de l'utile famille des légumineuses, a besoin d'aller chercher les sucs fécondants à une grande profondeur, et, quand elle ne rencontre pas de résistance, on la voit pénétrer à l'énorme distance de trois à quatre mètres : on conçoit qu'alors elle puisse braver les plus longues sécheresses et les plus fortes gelées. Cependant elle craint le froid dans sa première jeunesse ; il faut lui choisir, sous notre climat, des expositions chaudes et en même temps aérées ; car, à l'ombre, elle végète faiblement et ne donne pas un bon fourrage.

Cette précieuse fourragère ne saurait trouver place dans notre assolement quinquennal, n'étant en bon rapport qu'à sa troisième année. Sa durée, ordinairement de dix à douze ans, s'étend avec des soins jusqu'à trente ans et plus. Elle ne peut convenir qu'à une rotation de culture prolongée, ou doit se placer à part, en dehors de tout assolement.

C'est dans les mois de mars et d'avril qu'on sème la luzerne, à la volée, dans une céréale de printemps ; on la couvre par un hersage très léger. On choisira la graine nouvelle, d'une belle nuance jaune et bien luisante. Il ne faut pas craindre de semer un peu dru, et, quoique la semence soit fine, d'en mettre 22 à 23 kilogrammes à l'hectare. C'est à tort qu'on recommande de la mélanger avec le trèfle, sous le prétexte qu'il supplée à l'insuffisance du fourrage jusqu'à ce que la luzerne soit en plein rapport; le trèfle meurt au bout de deux ans et laisse des vides difficiles à remplir : pour la parfaite réussite de la luzerne, il conviendrait peut-être, au contraire, de la semer seule et sans céréale.

Les mauvaises herbes causeraient un grand dommage à la jeune plante pendant la première année; aussi est-il essentiel que la terre se trouve préalablement bien nettoyée par les récoltes-jachères, amendée par des substances calcaires, et ne contienne que des engrais consommés, exempts de toutes semences nuisibles.

Il ne faut jamais faire pâturer la luzerne qui craint également les piétinements et la dent du bétail; cette condition est surtout essentielle la première année, à raison de la faiblesse des jeunes plantes.

On fauche la luzerne dès qu'elle entre en pleine fleur; elle sèche plus vite que le trèfle, mais, per-

dant ses feuilles avec la même facilité, elle doit
être fanée avec les mêmes précautions.

La cuscute ne lui cause pas de moindres dommages, et, dès qu'on la voit paraître, il faut se
hâter de la détruire par les moyens indiqués pour
le trèfle.

La luzerne, beaucoup moins productive en nos
climats que dans les départements méridionaux,
ne nous donne que deux à trois coupes par an.
L'abondance des récoltes est proportionnée à la
fertilité du sol, qu'on fera bien d'entretenir par
l'emploi d'engrais consommés ou pulvérulents,
précédé de hersages énergiques, et de stimuler par
des plâtrages, lorsqu'on aura constaté l'efficacité
du plâtre sur la localité.

Dès qu'on voit décliner rapidement la luzerne et
le terrain se fatiguer de la reproduire, il est temps
de la détruire et de la remplacer. Le terrain qui
vient de la porter ne peut plus la recevoir qu'après
un intervalle au moins égal au temps qu'elle a
duré.

Le renouvellement d'une luzerne se fait quelquefois d'une manière qui paraît d'abord difficile et

coûteuse, mais qui, tout considéré, rembourse bien vite les frais qu'elle a coûtés ; elle consiste à l'arracher et à la replanter. On lève les vieilles plantes à la charrue, et c'est à la charrue qu'on les repique dans un terrain qui a reçu toutes les préparations convenables. Ce ne sont pas en effet les plantes elles-mêmes qui avaient usé leurs forces ; c'est le terrain qui avait cessé de contenir les principes nécessaires à leur nutrition. Ces vieilles plantes retrouvent, sur un nouveau sol, les éléments qui leur manquaient et reprennent une vie nouvelle.

La luzerne est plus nourrissante que le trèfle ; elle l'est moins que le sainfoin. Donnée verte, en la ménageant assez pour éviter la météorisation des animaux, c'est une très bonne nourriture pour le bétail ; elle donne aux vaches un lait abondant et riche en crème ; elle n'est pas moins avantageuse pour nourrir les cochons pendant l'été.

Il ne faut recueillir la graine que sur de vieilles luzernières qu'on veut détruire, et n'y consacrer que la deuxième coupe qui n'est pas, comme la première, souillée de mauvaises graines.

LUPULINE. — La *lupuline* ou *minette dorée* est

improprement nommée trèfle jaune par quelques
agriculteurs, qui la confondent avec le trèfle fili-
forme ou lupulin; c'est une luzerne bisannuelle.
Originaire des coteaux crayeux et siliceux, elle craint
l'excès d'humidité pour sa racine pivotante, résiste
aux plus longues sècheresses et convient par conséquent aux terres arides. Elle croîtrait avec plus
de vigueur dans les bonnes terres meubles et profondes; mais il faut la réserver pour les terrains
trop légers, où le trèfle ne viendrait pas, et semer
dans les bons sols d'autres fourragères plus productives.

La lupuline demande les mêmes préparations et
les mêmes conditions de culture que le trèfle. C'est
ordinairement sur le seigle ou sur des céréales de
printemps qu'on la sème au mois de mars : 15 à
20 kilogrammes de graine suffisent par hectare. Il
est convenable de herser si le temps est sec ; on
s'en dispense quand la terre est humectée par la
pluie.

Cette plante fourragère entre parfaitement dans
l'assolement quinquennal ; les engrais, amendements et cultures donnés aux récoltes-jachères in-

fluent beaucoup sur sa réussite, comme elle-même
prépare bien les terres aux céréales qui lui succèdent.

Il est rare que, sur les terrains médiocres qu'occupe la lupuline, elle se développe assez rapidement pour qu'on puisse la faucher ou la faire pâturer la première année; et, lors même qu'elle
aurait produit quelques tiges, c'est favoriser la production de l'année suivante que de les laisser
pourrir et se décomposer sur place. Après l'hiver,
un plâtrage ou quelques engrais en poudre seraient
d'un bon effet; mais on en fait rarement la dépense.

Il y a trois manières de tirer parti de la lupuline:
on a le choix de la faire pâturer, de la donner verte
à l'étable, ou de la récolter en fourrage sec; on se
détermine selon les besoins et les circonstances.

Le pâturage est très économique; d'ailleurs cette
plante ne météorise pas les animaux, et dès qu'elle
est pâturée, on la voit repousser. Le bétail ne la
mange pas avec moins d'empressement à l'étable,
car c'est un aliment vert toujours tendre, dont il
est fort avide. Elle est également avantageuse en

fourrage sec ; seulement, elle en produit bien moins que le trèfle, dont elle diffère beaucoup par sa dimension qui atteint rarement 33 centimètres.

Sa semence, extérieurement apparente, se détache aisément et se sème seule ; en sorte que la lupuline se reproduit d'elle-même indéfiniment dans les terres arables qui lui conviennent, et forme ainsi un pâturage renouvelé chaque année.

On ne doit pas trop compter sur une deuxième coupe abondante ; mais il faut laisser repousser la plante le plus possible avant de l'enfouir pour semer une céréale.

Cette plante fourragère est une de celles qu'on peut semer au lieu de trèfle, sur les terres qui paraissent fatiguées de le produire.

SAINFOIN. — Le *sainfoin* ou *esparcette* est une légumineuse indigène qui croît naturellement sur les montagnes crétacées et sèches. Ses racines, longues et rameuses, sont très propres à consolider les terres légères fortement inclinées. Il y prospère malgré leur qualité médiocre, pourvu néanmoins qu'elles soient calcaires ; car, quoiqu'il ne soit pas impossible de l'obtenir sur les sols granitiques ou siliceux, il y sera toujours très inférieur à ce qu'il serait sur un terrain calcaire d'égale qualité.

Cette fourragère, très améliorante, se sème du 15 mars au 15 avril, à la quantité de 4 à 5 hectolitres par hectare, sur céréales de printemps. Sa semence, contenue dans une enveloppe épaisse, conserve longtemps sa vertu germinative ; cependant elle s'échauffe promptement quand elle vient d'être récoltée ; en sorte qu'il est nécessaire de la remuer souvent alors pour prévenir toute fermentation.

On pourrait semer le sainfoin sans engrais : ce qui ne signifie pas qu'il est indifférent de lui en donner. De bonnes préparations, des engrais pulvérulents, des plâtrages lui sont, au contraire, très favorables, et rien ne lui convient mieux que d'avoir été précédé de récoltes-jachères.

Si la température est favorable, on pourra faucher quelque chose dès la première année ; on récoltera davantage la seconde et le sainfoin se trouvera en bon rapport la troisième : il en dure cinq ou six ; mais il ne faut pas attendre ce terme extrême pour le retourner.

A raison de son assez longue durée, il est peu propre à figurer dans notre assolement, qu'il faudrait prolonger d'un ou deux ans pour en recueillir le bénéfice. Il est d'ailleurs très peu convenable dans nos terrains non calcaires, où d'autres fourragères légumineuses trouvent place avec beaucoup plus d'avantage.

La floraison du sainfoin dure fort longtemps ; on doit le faucher lorsque les premières fleurs sont bien développées ; ce qui a lieu vers le milieu de mai. En mauvais sol, il n'y a le plus souvent qu'une seule coupe ; en terre bien préparée, il y en a encore une seconde moins considérable que la première.

Au lieu de faucher la seconde pousse, on peut la faire pâturer par les bêtes bovines et même par les moutons, pourvu qu'on n'y laisse pas longtemps ces derniers qui finiraient par attaquer le collet de la plante et la feraient périr. On s'abstiendra néanmoins de la faire pâturer pendant les grandes chaleurs et lorsque le sol est humide par excès.

A la récolte, le sainfoin se fane aisément. Moins aqueux et moins indigeste que le trèfle, il ne météorise pas les ruminants. Il est considéré comme le plus substantiel et le meilleur des fourrages, ce qui compense son faible produit.

On ne doit récolter en graine le sainfoin que la dernière année de son existence, parce qu'alors on ne craint plus de l'épuiser. Les semences ne mûrissant que successivement, il ne faut pas attendre leur maturité complète ; on risquerait de perdre les meilleures. Lorsque les intermédiaires commencent à se dessécher, on fauche la plante, qu'on emmène sur des chars garnis de toiles et qu'on bat au fléau ou à la machine.

La graine est abondante et peu chère ; elle est pour le bétail, et surtout pour les chevaux, presque aussi nutritive que l'avoine.

Toutes les céréales réussissent sur un sainfoin retourné ; tel sol, qui n'avait jamais produit qu'un peu de seigle, a souvent été transformé par cette plante fourragère en bonne terre à froment.

FOURRAGÈRES LÉGUMINEUSES DIVERSES. — Outre les plantes fourragères dont il vient d'être parlé, il en est encore quelques autres qu'on pourrait introduire utilement dans notre troisième sole. Ainsi, les *mélilots* et les *lotiers* se sèmeraient, comme les trèfles, sur les céréales ; les uns et les autres sont bisannuels. Les lotiers sont recherchés par les bestiaux, mais les mélilots, qui deviennent promptement ligneux, sont assez peu de leur goût.

Lorsque des semis de fourrages artificiels ont manqué, il est essentiel de les remplacer par d'autres fourragères à faucher en vert, pour ne pas interrompre la continuité des cultures alternes. La *vesce de printemps,* la *lentille* et la *gesse cultivée* peuvent très bien, selon la nature des terrains, remplir cet important objet.

CHAPITRE IV.

QUATRIÈME SOLE.

CÉRÉALES D'AUTOMNE. — Après avoir rétabli les forces productrices du sol par le séjour améliorant des plantes fourragères, on le retrouve parfaitement disposé à recevoir une nouvelle céréale.

Il n'y a plus cette fois à craindre de semailles tardives. Les plantes-jachères de la première sole n'ont pas toujours atteint leur parfaite maturité au moment où les grains doivent être confiés à la terre; il en résulte des retards inévitables et quelquefois l'impossibilité d'emblaver avant l'hiver.

Les plantes fourragères ne présentent jamais cet inconvénient. Quelques-unes se récoltent une seule fois pendant l'été; d'autres, et notamment le trèfle, qui est la principale fourragère artificielle dans nos pays granitiques, laissent la faculté de labourer et semer dès les premiers jours de septembre, ou d'ajourner les emblavures jusqu'aux derniers jours de l'automne.

Il est préférable, néanmoins, de devancer cette époque afin que les blés aient le temps de prendre assez de force pour résister aux rigueurs de l'hiver : il suffit, pour leur réussite, que quelques pluies aient pénétré le sol avant de l'ensemencer.

Lorsqu'un champ de trèfle, ou d'autres fourragères artificielles, n'est pas complètement garni, on doit penser que les places nues n'auraient point la fertilité des autres ; il est convenable d'y répandre un peu de fumier avant d'y mettre la charrue.

Si la terre est graveleuse et trop légère, ou si l'on craint qu'elle ne soit pas suffisamment amendée par un premier chaulage, on y sèmera encore du seigle ; mais ce sera rarement une nécessité. On ne doit guère hésiter à semer un froment sur un trèfle qui a réussi ; le froment prospère incomparablement mieux que le seigle sur un trèfle rompu.

Les limaces sont fort à redouter, après les étés

humides, pour les céréales qui succèdent au trèfle; protégés par l'ombre et la fraîcheur d'un épais feuillage, ces insectes destructeurs s'y multiplient souvent d'une façon inquiétante. Il faut y veiller soigneusement et prévenir leurs ravages par l'emploi de la chaux vive.

Pendant tout l'hiver et surtout lorsque les semailles d'automne ont été tardives, le froment reste faible et s'aperçoit à peine : au printemps même, et jusqu'au 15 avril, il est incomparablement moins beau que ceux qui ont été semés sur fumure ordinaire. Il n'y a rien là qui puisse étonner ; le trèfle enfoui ne peut immédiatement, comme le fumier, influer sur la végétation du froment; il faut qu'un commencement de décomposition l'assimile à la céréale. Mais du moment que commence cette décomposition, que les débris des racines et des tiges du trèfle se trouvent en contact avec les racines du froment, dès-lors ce dernier prend une force extraordinaire, se couvre d'un feuillage vigoureux et prend une supériorité qu'il conserve pendant les plus grandes sécheresses et jusqu'à la récolte.

Après un hiver très pluvieux, suivi d'un hâle prolongé au printemps, il arrive que la superficie du sol se durcit et interrompt la croissance des blés. C'est le cas de donner un hersage qui n'endommage les plantes qu'en apparence et qu'un instant, car on s'aperçoit bientôt, au redoublement de végétation, du bon effet qu'il a produit. Cette opération n'est, au reste, presque jamais praticable dans nos terrains à sous-sol d'argile, auxquels il n'arrive guère de se dessécher assez pour recevoir un coup de herse avant que le froment ait couvert le terrain de son épais feuillage.

Il pousse très peu de mauvaises herbes dans les blés semés sur trèfle, à moins que cette fourragère n'ait eu des vides où l'on aurait mis des fumiers frais, et qu'il deviendrait nécessaire de sarcler en mars ou avril.

CÉRÉALES DE PRINTEMPS ET AUTRES PLANTES. - Certaines circonstances peuvent empêcher d'enfouir un trèfle en automne, par exemple le besoin de se procurer un fourrage vert au printemps, la convenance de conserver un trèfle mélangé de graminées, pour le faire pâturer aux moutons pendant

l'hiver, ou tout autre motif. Il y a différentes manières d'en tirer parti : quand il n'est pas trop tard,
on sème, sur un coup de charrue peu profond, de
l'orge ou de l'avoine de printemps qui réussissent
constamment [1]. Quand la saison est trop avancée,
on donne un ou deux labours, selon l'état du sol,
et l'on sème en juin, au plus tard, soit des raves
ou navets [2], soit une autre plante à rapide croissance, telle que la vesce de printemps à consommer en vert.

LIN. — Une culture de grande importance utili-
serait très bien les défrichements de trèfle ; c'est
celle du lin. Le *lin usuel,* plante annuelle à racine
pivotante, n'a pu prendre place dans les récoltes-
jachères parce qu'il est épuisant, et qu'il ne peut,
à raison de son feuillage grêle, être considéré comme
plante étouffante.

---

[1] Les diverses plantes ici mentionnées comme composant la
quatrième sole ayant déjà figuré dans les deux premières, il
est inutile de répéter les prescriptions qui les concernent et
qu'on retrouvera à leurs articles respectifs.

[2] On rappelle que la rave reçoit en beaucoup de lieux le
nom de navet.

Il est d'automne et de printemps dans le midi de la France ; dans nos climats, il n'est que de printemps.

On en distingue deux variétés : le *grand lin*, préféré pour la qualité de sa filasse, et le *tétard*, ou *lin rameux*, qui produit de la graine meilleure et plus abondante.

Il faut au lin une terre profonde, saine, fraîche et riche en humus ; il réussit après un beau trèfle, dont les racines et le fanage décomposés lui sont très favorables. Comme il exige un terrain parfaitement meuble, le mieux serait d'enfouir le trèfle avant l'hiver, et de donner ensuite deux labours préparatoires au printemps ; mais on peut se borner à enfouir le trèfle à la fin d'avril et à donner un second labour, avant de semer, vers la fin de mai.

On choisit la graine nouvelle, pleine, ferme, luisante, pétillant vivement dans le feu. La semence est répandue à la volée et recouverte par un léger hersage.

Lorsqu'on a principalement en vue la quantité et la qualité de la filasse, il faut semer dru, c'est-à-dire 2 hectolitres 70 litres à l'hectare ; on n'en

sème que 1 hectolitre 80 litres, si l'on veut produire beaucoup de bonne graine. La semence doit
être souvent changée, parce qu'elle dégénère promptement : la meilleure vient de Hollande et de Riga·
en Livonie.

Dans les terrains frais et d'une grande fertilité,
où le lin doit prendre de la hauteur, il est prudent
de répandre sur la surface du sol, aussitôt après les
semailles, des rameaux de bruyère qui servent à
soutenir les tiges en même temps qu'ils protègent le
sol contre la sècheresse et les pluies d'orage. Dans
le nord, on ajoute à ce moyen des perches horizontales fixées à des pieux.

De longues sècheresses au printemps nuisent
beaucoup à la croissance du lin.

La cuscute s'implante sur ses tiges ; il faut arracher soigneusement celles qu'on voit atteintes par
cette dangereuse parasite.

Si le terrain ne reste pas meuble et propre, on
ne doit pas économiser un et même deux binages.

Aussitôt qu'on voit les tiges jaunir et les capsules
prendre une teinte brune, le lin est arraché, lié
par le haut en poignées qu'on dresse sur place

en écartant les racines. Lorsqu'il est sec, on détache la graine en passant le sommet des tiges dans un peigne fixé au-dessus d'une toile, ou bien on bat simplement avec un bâton la tête des poignées sur un drap étendu ; ensuite les capsules sont brisées au fléau et vannées.

La graine sèche étendue dans un grenier aéré : on n'en fait de l'huile qu'au bout de quelques mois, lorsqu'elle a perdu son eau de végétation. Comme elle rancit facilement, on ne doit pas la laisser trop vieillir.

On fait rouir les tiges dépouillées de la graine dans l'eau claire un peu courante. L'eau dormante les colore et salit les fibres ; l'eau trop agitée les rouit inégalement ; la plus convenable est celle qu'on amène dans un creux ou *routoir* peu profond et qu'on alimente par un petit ruisseau. Il faut en retirer le lin dès qu'on voit les fibres se détacher aisément de la tige. Par raison de salubrité, on éloigne les routoirs des habitations et des bestiaux.

Le lin, séché rapidement à l'air, est teillé à la main ou à la *broye*.

La filasse du lin est l'objet d'un commerce considérable et s'applique sur une grandé échelle à la confection des toiles, des plus fins tissus et du plus beau papier. La France est loin d'en produire assez pour ses besoins. La graine s'emploie à une foule d'usages, notamment à l'alimentation des animaux, à la peinture, à la fabrication des savons, à l'éclairage.

Le lin qui succède au trèfle ne vient qu'en deuxième récolte, et il n'est pas impossible de lui en faire succéder une troisième. On sème des carottes sur le lin avant de le sarcler ; après son extraction, les carottes ont encore le temps de se développer et de donner une dernière récolte.

Ainsi qu'on l'a dit, le lin est une plante épuisante qui ne peut revenir qu'après un intervalle de cinq à six ans sur le même terrain. On remarque, néanmoins, que le froment qui lui succède est ordinairement beau, ce qui s'explique par l'effet de l'alternance des plantes de natures diverses, ainsi que par l'action des amendements et engrais qui ont précédé ou accompagné le lin.

PAVOT OU OEILLETTE. — Une plante oléifère, qui n'a encore paru dans nos pays qu'à titre d'essai, ne réussit pas moins bien que le lin sur les trèfles rompus : c'est le *pavot somnifère* ou l'*œillette*.

Le pavot, quoique originaire des pays chauds, craint peu le froid et pourrait être semé sous notre climat avant l'hiver, si sa racine pivotante et délicate ne risquait d'être soulevée par les gelées et dégels alternatifs. Il est donc plus convenable d'attendre la fin de février ou le mois de mars, de retourner alors le trèfle et de semer la graine de pavot à la volée, ou mieux en ligne, entre deux raies de labourage. On rend ainsi les sarclages plus faciles et plus rapides. Comme la graine est très fine, elle doit être à peine enterrée : il faut la choisir nouvelle ; elle lève rarement lorsqu'elle a plus d'une année.

On cultive deux à trois variétés de pavots-œillettes ; c'est du pavot *aveugle,* c'est-à-dire dont la capsule très volumineuse n'est pas ouverte, qu'on extrait l'opium. Le pavot gris, à fleurs violettes, donne plus de graine.

Il faut au pavot une terre douce, meuble, profonde, substantielle; une exposition ouverte et aérée.

Un premier binage lui est donné lorsqu'il a quatre feuilles, et un second, s'il est nécessaire, quand il commence à monter. Les plantes doivent rester espacées à 30 centimètres.

La maturité s'annonce par le dessèchement des tiges et des capsules. Les pavots coupés à la *faucille-volant* sont emportés, sur des toiles, à la grange, où on les bat au fléau ; puis on vanne et l'on crible avec soin la graine.

Le pavot produit, dans les bons sols, jusqu'à 15 et 18 hectolitres de graine par hectare. On en extrait l'huile la meilleure après celle de l'olive.

Les tourteaux s'emploient à l'engraissement des animaux d'espèces bovine et ovine ; il semble plus rationnel de l'utiliser ainsi que d'en fumer les terres, comme le recommandent quelques agronomes.

Quelquefois, comme on la vu, l'on sème, parmi les pavots, des carottes qui réussissent plus ou moins bien selon la qualité du terrain : des raves y trouveraient également place.

La culture du pavot est considérée comme épuisante ; cependant on voit les céréales le remplacer avec succès.

RÉCOLTE DÉROBÉE. —Après la moisson du seigle et du froment, on regrette de laisser inoccupées jusqu'au printemps suivant certaines terres, les meilleures entre celles qui composaient la quatrième sole. On voudrait combler cette lacune, et l'on en trouve le moyen dans une pratique usitée en certains départements de l'est. Il est possible d'y prendre ce qu'on nomme une *récolte dérobée,* qui ne cause nul dommage et procure un supplément précieux de nourriture pour l'homme et les animaux. C'est encore la rave qui est susceptible de remplir ce but important.

On choisit, selon la qualité du terrain, parmi les variétés à racines plates, arrondies ou allongées, plongeant dans le sol ou n'y adhérant que par leur extrémité, blanches ou colorées de rose et de violet.

Nos climats tempérés, plus frais que chauds, nos terres granitiques, argilo-siliceuses et schisteuses, lui conviennent particulièrement.

Aussitôt après l'enlèvement des céréales et avant la fin de juillet, un labour retourne les chaumes. Si le sol est très meuble et propre, on se contente même, pour toute préparation, d'arracher les

chaumes du blé et d'aplanir la terre par un coup
de herse ou de râteau.

De la graine de rave est semée clair sur cette
surface bien nivelée, puis enterrée par un nouveau
coup de herse ou de râteau. Un peu d'engrais en
poudre, des fumiers consommés, quelques terreaux
répandus sur la semence, ajouteraient beaucoup
aux chances de succès.

Dans le courant d'août, un ou deux binages
éclaircissent et nettoient le semis. Pendant le mois
de septembre, les racines se développent et pourront encore exiger quelquefois un sarclage. Ces
opérations seraient beaucoup abrégées si l'on semait en lignes avec un semoir, afin de pouvoir
biner avec la houe à cheval; mais il y aurait beaucoup de terrain perdu.

La rave, comme les autres plantes de la famille
des crucifères, est exposée aux ravages des limaces
et des altises bleues; on verra plus loin (page 248)
le préservatif à employer contre les premières, et
l'on réussit quelquefois à chasser les dernières par
un semis de plâtre cuit pulvérisé, de suie et même
de chaux vive.

La rave continue de grossir jusqu'à la fin d'octobre, et comme elle ne craint pas de petites gelées, on peut ne la récolter qu'en novembre. On la conserve comme la pomme de terre, en la plaçant dans une cave, ou bien en petits silos couverts de terre.

Dans le cas où des sécheresses prolongées auraient empêché les raves de grossir, rien n'empêche de les garder pour les récolter en graine avec les autres plantes oléagineuses qu'on verra figurer à la dernière sole. On pourra même récolter une assez grande quantité des plus grosses racines et laisser le reste comme il vient d'être dit.

MEULES DE BLÉ. — Lorsqu'on est parvenu à recueillir dans la même année deux soles de céréales d'automne, indépendamment des autres produits, la grange devient insuffisante pour en contenir la double récolte, et les nombreux travaux de la saison ne permettraient pas d'en opérer le battage immédiatement. Il faut se résoudre à construire des meules à l'extérieur, à portée de la grange s'il est possible.

Il se construit des meules de différentes sortes ;

quelques-unes ont un certain degré de perfection. On les place sur un châssis recouvert d'un plancher et isolé de terre par de courts piliers ou dés ; ces dés sont revêtus de plaques métalliques pour empêcher l'accès des rats et autres animaux rongeurs. On couvre les meules d'un toit arrondi, fixe, ou mobile et se haussant ou se baissant sur des piliers au moyen de chevilles ou bien de crémaillères ; mais communément on procède d'une manière beaucoup moins dispendieuse.

Il n'y a rien de plus simple à construire qu'une meule ordinaire, et rien n'est plus fréquent que de voir du grain s'y mouiller et y pourrir. D'abord, pour former une meule, on ne devrait pas, comme on en a l'habitude dans nos contrées, faire les gerbes d'une dimension démesurée, et d'un poids tel qu'elles ne peuvent être soulevées que par un homme très vigoureux ; il faut, au contraire, qu'on puisse les déplacer et les arranger sans peine.

Sur un emplacement arrondi, de 3 à 4 mètres de diamètre, on étend des fascines qu'on couvre de paille. Au milieu de l'emplacement on dresse une gerbe, contre laquelle sont appuyées circulairement d'autres gerbes qui servent elles-mêmes d'appui à un nouveau cercle, en sorte que le pied des plus éloignées du centre porte sur les fascines et que les épis soient plus élevés. Des lits de gerbes sont placés sur le rang inférieur, toujours de manière que le talon, formant le bord extérieur dè la meule, soit constamment plus bas que les épis. La meule s'élargit en montant jusqu'aux deux tiers de la hauteur, puis elle se rétrécit et finit en pointe.

Un toit en paille de glui couvre la meule depuis son sommet jusqu'à sa partie la plus grosse, qu'il déborde. On fixe le toit sur les gerbes en l'entrelaçant, de distance en distance, avec une poignée d'épis saisis par le couvreur à mesure qu'il monte ; car il doit commencer par la partie inférieure.

Pour empêcher l'eau pluviale de s'introduire sous la meule, on l'entoure d'un fossé, auquel on ouvre une issue dans sa partie la plus basse, lorsque le terrain est incliné. Dans le cas contraire, on creuse d'avance le fossé, dont la terre est jetée sur l'emplacement de la meule, afin d'en hausser la base au-dessus du sol environnant.

MACHINES A BATTRE. — Si l'abondance des pro-

duits, conséquence nécessaire de la culture alterne
et du retour simultané de plusieurs soles de céréales, ne permet plus de loger les récoltes dans la
grange, l'embarras n'est pas moindre pour les battre. Aussi commence-t-on à multiplier dans nos
contrées les *battoirs mécaniques* ou *machines à battre*.

Les premières qui furent construites coûtaient à
établir des prix inabordables pour le petit cultivateur comme pour la moyenne propriété. Aujour-
d'hui des machines beaucoup moins compliquées,
conséquemment moins chères, sont mises à la portée de tout cultivateur exploitant un domaine ordinaire.

Celles qu'on semble adopter de préférence dans
l'Autunois sont mises en mouvement par un manège qui peut être établi sous un hangar, en dehors
de la grange. Ce manège, auquel suffit un emplacement de 5 mètres 50 centimètres de diamètre, est
mû soit par deux chevaux, soit par deux ou mieux
trois et même quatre bœufs attelés séparément. Il
donne le mouvement au battoir placé dans la
grange, par une traverse munie d'une lanterne du
côté du manège.

Six personnes sont nécessaires pour le service de
la machine, savoir : un homme pour approcher et
délier les gerbes ; un second pour alimenter la machine ; un troisième, armé d'une fourche, pour secouer la paille ; un quatrième et un cinquième pour
lier la paille en fagots ; un sixième, homme ou enfant, pour conduire les chevaux ou les bœufs.

On bat de 100 à 150 doubles-décalitres de grains
par journée de deux attelées, après chacune desquelles on relève le grain à l'extrémité de la grange.
On vanne au tarare une ou deux fois la semaine.

Dans nos fermes, où les chevaux sont rares, ce
sont les bœufs qu'on attèle au manège de la machine. Lorsqu'on n'en met que deux, le mouvement est moins rapide ; il se bat moins de gerbes,
et les épis sont moins bien dépouillés. Outre cela,
deux bœufs qui ont l'habitude d'être accouplés, se
trouvant séparés et placés des deux côtés opposés,
s'accoutument très difficilement. Mais lorsqu'on en
attèle trois et même quatre, chacun d'eux suit sans
répugnance celui qui le précède, et, dès le premier
jour, on habitue sans peine au manège le premier
animal venu.

Aujourd'hui, les petits propriétaires-cultivateurs, les fermiers et métayers, qui ne peuvent faire construire une machine fixe, ont la ressource de machines mobiles, placées sur un train de voiture, mues à la vapeur et allant entreprendre et exécuter, à prix convenu, le battage de la récolte. C'est une heureuse innovation qui, malgré quelques inconvénients, est appelée à rendre des services à l'agriculture. Le personnel des fermes, désormais disponible à l'arrière-saison, temps d'arrêt nécessité par l'interruption des travaux agricoles, s'occupera de l'assainissement des terres, des ouvrages de terrassement et de toutes les améliorations foncières.

Il faudrait peut-être, avant d'achever l'exposé de la quatrième sole, indiquer les opérations qui, dès cette même année, préparent les cultures de la suivante. Cependant on ne les séparera pas des travaux de la dernière sole, à laquelle elles appartiennent également et dont elles compléteront l'ensemble.

CHAPITRE V.

CINQUIÈME ET DERNIÈRE SOLE.

———

On a pu remarquer que la quatrième sole se composait en très grande partie de céréales d'automne et de quelques céréales de printemps. On a vu que le lin et certaines plantes de rapide croissance y trouvaient place au besoin ; qu'une récolte dérobée de raves était possible et avantageuse en remplacement des céréales d'automne ; enfin, que ces raves pouvaient rester et donner l'année suivante une récolte oléifère.

D'autres plantes de cette dernière nature, telles que la navette et le colza, qui feront partie plus tard de la cinquième sole, sont encore semées à la fin de la quatrième.

**

Quoiqu'il soit nécessaire de laisser, à l'expira-
tion de l'assolement, le terrain plus fertile qu'il
n'était en commençant, puisqu'on doit tendre à
opérer une amélioration toujours croissante, néanmoins on ne craint plus autant d'admettre ces
plantes épuisantes : la reprise de nouvelles cultures-
jachères devra bientôt réparer les pertes qu'aura
subies le sol.

NAVETTE. — La *navette,* plante de la famille des
crucifères, originaire des parties sablonneuses de
nos côtes maritimes, est la souche primitive des
raves et navets. Ses racines fibreuses, ses feuilles
velues et rugueuses résistent bien aux rigueurs de
l'hiver, à moins qu'il ne soit humide par excès.

Une terre saine, franche, légère, lui convient,
quoique médiocre ; elle peut encore très bien réussir dans les sols argilo-siliceux convenablement
ameublis ; et, sous ce rapport, elle est importante
pour nos pays. On en cultive deux variétés, l'une
d'automne, l'autre de printemps.

Aussitôt après la récolte du froment, à la fin de
juillet ou dans les commencements d'août, on
donne un labour suivi d'un hersage. On recom-

mence, s'il est possible, cette double opération ; puis on sème la navette à la volée. Six à sept litres de semence suffisent par hectare. Des cendres de bois, semées avec la graine, produisent un effet très marqué. On enterre la graine et les cendres par un léger hersage. L'écobuage est, par la même raison, une excellente préparation pour la navette.

Quelquefois elle se sème sur les céréales, un peu avant leur maturité : on évite, de cette manière, de laisser passer l'époque favorable, mais on perd l'avantage d'avoir une terre bien préparée. On pourrait encore semer la navette en pépinière et la repiquer en lignes, ainsi qu'on le verra pratiquer pour le colza. Mais il vaut mieux réserver un mode aussi coûteux pour cette dernière plante dont les produits sont plus considérables.

La navette, au premier âge, a des ennemis redoutables : les limaces, fléau de nos terrains à sous-sol d'argile, la détruisent, presque constamment, en totalité ou par larges places. On n'a pas même la ressource d'attendre la levée des plantes pour reconnaître la présence de ces insectes ; lorsqu'on aperçoit le mal, il n'est plus temps d'y porter remède; la destruction est complète; les germes ont été dévorés à leur naissance. Il faut donc, pour peu que la température soit ou ait été récemment humide, répandre de la chaux vive; ce qui s'exécute pendant la nuit, 24 heures seulement après la semaille, pour donner le temps aux limaces de sortir de terre et de se disséminer à la surface. On sera encore plus sûr de leur destruction, en recommençant après un nouveau délai de 24 heures.

Si la température, au lieu d'être humide, est très sèche, c'est l'altise bleue qui est à redouter. On tâche, mais souvent sans beaucoup de succès, de la combattre en répandant, sur la plante humectée de rosée, de la suie, du plâtre, de la chaux vive, mais le plus sûr moyen est d'activer la végétation par l'emploi de cendres végétales, comme il vient d'être dit. On indique encore comme moyen préservatif l'immersion, pendant 24 heures, de la semence dans une forte saumure qui détruit les œufs de l'altise attachés aux graines.

L'extrême difficulté qu'on éprouve à défendre la navette contre la limace et l'altise pourrait motiver une modification dans son mode de préparation, et même dans l'assolement. Ce serait d'employer, dès cette année, la moitié de la chaux qui doit ne revenir que plus tard. Ce demi-chaulage se diviserait lui-même en deux portions égales, dont l'une précèderait les semailles, mélangée à la terre à la manière accoutumée, et l'autre serait répandue superficiellement après, et à deux reprises différentes, ainsi qu'on vient de l'indiquer. Ce serait un stimulant qui favoriserait la croissance de la navette et hâterait son développement, en même temps un préservatif contre la limace et peut-être contre l'altise; puis, en définitive, on réduirait d'autant le chaulage à son retour périodique.

Pourquoi, demandera-t-on sans doute, ne pas donner à la navette le chaulage entier? C'est qu'on tient à profiter de la puissante action de la chaux sur les fumiers, et que les fumiers doivent accompagner les plantes-jachères de la première sole.

Lorsque la navette commence à couvrir la terre dans le courant d'octobre, il serait avantageux de la sarcler et de l'éclaircir; mais on s'en dispense ordinairement. On pourrait cependant exécuter cette opération d'une manière fort économique en

passant dans la navette un extirpateur garni seulement de ses pieds postérieurs. Par l'effet de cet instrument, des rayons de plantes seraient arrachés et
détruits, tandis que les autres resteraient disposées
en lignes et faciles à sarcler, au printemps suivant,
s'il était nécessaire de donner un deuxième binage.

La navette est la première plante qui reverdit et
s'élève après l'hiver; elle peut, au besoin, fournir
une nourriture verte précoce, à donner avec précaution et conjointement avec d'autres aliments
aux vaches et brebis nourrices, ainsi qu'aux jeunes
porcs. Il serait possible de la laisser ensuite repousser et d'avoir une petite récolte de graine; néanmoins, il est préférable de la rompre et de semer
à sa place une céréale de printemps.

C'est aussi la première fleur qui annonce le retour du printemps et la première ressource des
abeilles. Qui n'a remarqué dans nos campagnes
ces beaux champs isolés aux nuances dorées, qui
tranchent vivement sur la verdure naissante, tout
près des habitations, et dont l'étendue et la vigueur,
plus ou moins considérables, semblent indiquer le

degré d'avancement progressif de celui qui les a créés.

La variété de printemps exige les mêmes labours et hersages que celle d'automne : comme elle talle moins, on doit la semer un peu plus épaisse et la rouler. Elle présente les avantages réels de pouvoir remplacer la variété d'automne, et d'autres récoltes manquées ou détruites par l'hiver, et de n'occuper le sol que fort peu de temps. Elle se sème en mars ou plus tard et mûrit quelquefois dans le court espace de deux mois. D'un autre côté, elle est moins productive et souvent la chaleur anéantit en grande partie ses produits.

La floraison de la navette d'automne dure fort longtemps : fleurissant de bonne heure, elle est fort exposée aux gelées tardives qui, toutefois, ne la détruisent guère que partiellement. La gelée a, du reste, beaucoup moins d'action sur la fleur que sur les siliques nouvellement formées ; et il est à remarquer que lorsque les premières siliques périssent, celles qui se forment postérieurement prennent plus de volume et de qualité que si les premières avaient réussi.

Dans le courant de juin, l'on voit les tiges se dessécher et la graine mûrir. Il ne faut pas attendre la maturité complète pour prendre la récolte, surtout si elle est considérable ; on s'exposerait à perdre beaucoup de graine et la meilleure, c'est-à-dire la première qui a mûri. On doit couper la navette avec la faucille acérée qu'on nomme *volant*, afin de lui faire éprouver un choc moins violent. Autant que possible, on la coupe le matin à la rosée, toujours pour éviter de l'égrener, et on ne la rentre que le soir au coucher du soleil.

Les javelles, ramassées avec précaution, sont emmenées sur des chars garnis de toiles, et conduites à la porte ou dans l'intérieur de la grange, où elles restent en meule pendant huit à dix jours pour y achever la maturation de la graine. On place au-dessus de la meule un amas de paille froissée, pour absorber l'humidité considérable qui s'en échappe et pour la garantir, si elle est dehors. Après le délai qui vient d'être indiqué, la navette est battue au fléau ou à la machine.

Quelque soin que l'on prenne en récoltant la navette, on ne peut éviter de répandre sur le sol une assez grande quantité de graines, qui ne manquent pas de salir les récoltes subséquentes ; et c'est pour cette raison, jointe à l'épuisement occasionné par toutes les plantes oléagineuses, qu'il faut les faire suivre de récoltes sarclées et améliorantes.

Lorsqu'il s'est répandu beaucoup de graine de navette sur le terrain, on peut donner immédiatement un coup de herse qui la fait germer et lever en grande partie ; puis on enfouit les plantes par un labour superficiel, à moins qu'on ne juge à propos de les conserver quelque temps comme pâturage des moutons.

La graine de navette est assez difficile à dessécher quand on en récolte des masses considérables ; elle se conditionne assez bien lorsqu'on l'étend sur un grenier aéré, mélangée aux siliques et menus débris du battage. Ordinairement on la vanne d'abord, puis on la fait sécher sur des draps au soleil, ou bien on l'étend au grenier en couches minces qu'on remue souvent jusqu'à complète dessiccation.

Ainsi qu'on le recommande pour les autres grai-

15

nes oléagineuses, on ne doit en exprimer l'huile
que quelques mois après la récolte.

Cette huile, quoique d'une saveur un peu forte,
est un assaisonnement fort apprécié dans nos campagnes, où l'on s'en sert aussi pour l'éclairage. On
en cultive trop peu dans nos pays pour l'appliquer
aux arts industriels ; et, dans le nord, où les cultures oléifères ont pris une extension considérable,
on préfère cultiver le colza qui produit plus de
graine et dont la graine rend une plus grande
quantité d'huile.

Il en est de même chez nous pour les tourteaux
de navette, trop peu abondants et trop précieux
pour être employés directement à la fertilisation
du sol, et qui nous servent exclusivement à l'engraissement des bêtes bovines et des moutons.

COLZA. — Le *colza* est une plante de la famille
des crucifères, un chou, dont on cultive principalement deux variétés, l'une d'automne, qui est la
plus importante, et l'autre de printemps. C'est la
récolte oléagineuse des bonnes terres, des terres
fortes, profondes, bien amendées et fumées, comme
la navette est celle des terrains médiocres ou légers.

Ses produits sont considérables et proportionnés aux préparations et aux soins qu'on lui consacre, et comme la France n'en produit pas, à beaucoup près, ce qu'elle en consomme, on sera toujours largement remboursé des avances que cette culture aura occasionnées.

Ce n'est pas que le colza ne puisse venir lorsqu'on ne remplit pas exactement toutes les conditions qui lui seraient favorables ; on le voit quelquefois réussir sur des chaumes de blé retournés, simplement semé à la volée et sans recevoir un seul binage. Néanmoins, lorsqu'on ne veut pas faire plus, il vaut mieux cultiver la navette qui est plus rustique.

Nos terres de qualité moyenne, soumises à l'assolement quinquennal, bien défoncées, chaulées et fumées lors de la première sole, enrichies ensuite des débris de plantes fourragères, sont susceptibles de porter avantageusement le colza. Deux labours consécutifs, suivis chacun d'un hersage, aussitôt après la récolte du froment, les ameublissent suffisamment.

Si l'on sème à la volée, ce qui a lieu immédia-

tement après le deuxième labour, il faudra bientôt sarcler et éclaircir : l'extirpateur, ainsi qu'on
l'a conseillé dans l'article précédent, exécute rapidement cette double opération. Un semis à la volée
exige de six à huit litres de semence à l'hectare.

Telle est la manière de procéder sur des terres de
moyenne fertilité ; mais, sur des sols très féconds,
ce n'est point là le véritable mode de culture du
colza d'automne : il doit être semé ou transplanté
en lignes distantes de 50 centimètres, ensuite de
deux labours et de deux hersages donnés après la
moisson du froment.

On sème en place, au semoir ou à la main, dans
les traits d'un rayonneur, ou bien entre deux raies
d'un labour superficiel ; on couvre légèrement à la
herse. Il faut une trentaine de grains par longueur
d'un mètre, sauf à éclaircir plus tard. Deux à trois
litres de graine suffisent pour un hectare.

Quand les plantes ont pris quatre feuilles, on
passe la houe à cheval entre les lignes, qui sont
ensuite tenues à la main dans leur longueur. Si les
plantes sont assez fortes à la fin d'octobre, on leur
donne un petit buttage à la charrue à butter.

Il est souvent difficile de semer en temps opportun le colza à la place qu'il doit occuper définitivement, soit parce que la moisson est tardive, soit
parce que la sècheresse de la saison et la dureté du
sol ne permettent pas d'y mettre la charrue. Il est
possible d'éviter ces inconvénients par les semis en
pépinière et la transplantation du colza.

Dans le courant de juillet, sur un bon terrain
fumé d'avance et bien meuble, on le sème un
quart plus épais qu'à la volée. Le jeune plant est
sarclé, éclairci et arrosé autant qu'il en est besoin.

Pendant sa croissance, toutes les façons nécessaires sont données à l'emplacement définitif; les
planches relevées en ados, les sillons bien ouverts
pour faciliter l'écoulement des eaux pluviales. Puis,
en septembre, le plant de colza y est transplanté
en lignes distantes de 50 centimètres, avec intervalle de 22 centimètres entre les plants. La plantation se fait dans les traits du rayonneur ou le
long des raies du labourage, au plantoir, à la pioche, ou bien en suivant la charrue.

Pour opérer de cette dernière façon, une femme
ou un enfant suit la charrue, dresse les plantes le

long de la tranche de terre, de façon qu'un nouveau trait de charrue couvre la racine. Il est bon
qu'ensuite un homme suive les lignes, rectifie à la
pioche la plantation et appuie le pied contre la
plante, afin de presser un peu la terre sur sa racine.
Cette même précaution est prise lorsqu'on plante
à la pioche.

Vers la fin d'octobre, il est bien de donner un
coup de houe à cheval, même de buttoir, et d'ouvrir soigneusement les raies d'écoulement pour que
le terrain soit parfaitement assaini pendant l'hiver.
Ce que le colza redoute en effet le plus dans cette
saison, c'est l'humidité surabondante qui, par
l'effet des gelées et dégels, soulève les plantes, les
fait sortir de terre et périr.

Quand on peut donner au colza quelque stimulant ou engrais, tel que noir animalisé, poudrette, ou autre de cette nature, c'est en hiver ou
au printemps qu'il faut en faire l'emploi. Le tourteau de colza agit lui-même très puissamment sur
la plante : après l'avoir pulvérisé et délayé dans le
purin de fumier, un arrosement de ce mélange
sur le colza, au moment de la plantation ou bien

après l'hiver, est toujours d'une grande efficacité.

Lorsqu'au printemps la terre est bien assainie par le hâle, il faut donner, s'il est possible, un et même deux binages, ainsi que le buttage qu'on n'aurait pas exécuté en automne ; mais il n'arrive pas toujours que notre sol agilo-siliceux se soit assez tôt desséché pour rendre cette dernière opération possible avant la floraison du colza. Il faut bien se persuader que la récolte sera d'autant plus abondante que les soins et façons auront été plus multipliés. Il en résulte, il est vrai, une dépense considérable : on l'atténue beaucoup par l'emploi des instruments substitués au travail manuel.

Quelquefois les intempéries de l'hiver détruisent la plantation de colza ; ou bien il n'a pas été possible d'emblaver de bonnes terres en automne : on utilise ces terrains, et l'on remplace la plantation perdue par du *colza de printemps*. Il se sème à la volée sur un double labour suivi de hersages. Il doit être plus épais que le colza d'automne ; il faut, par hectare, dix à douze litres de semence qu'on couvre à la herse. On n'a pas trop coutume de le biner ni de le butter : cependant s'il se salit d'her-

bes, on doit le sarcler. Il est moins productif que
l'autre ; sa graine contient aussi moins d'huile.

Tous les soins et détails de culture, de récolte,
de conservation et d'emploi de la graine ; toutes les
précautions à prendre contre les limaces, altises et
pucerons, l'application des tourteaux à l'engraissement des bestiaux, sont communs au colza et à
la navette ; on peut donc consulter, sur ces divers
points, l'article consacré à cette dernière plante.

Ce qu'on doit ajouter, c'est que le colza est bien
plus propre que la navette à donner un bon pâturage ou une nourriture verte précoces aux bestiaux,
qui le mangent avec une plus grande avidité ; que,
par ce motif, il faut se garder de l'enfouir comme
engrais vert ; et qu'en le faisant consommer, on
arrive au même but avec un double profit.

Les produits du colza sont tellement en rapport
avec la qualité du terrain et les soins qu'on lui
donne, qu'il est difficile de préciser son rendement,
qui peut s'élever jusqu'à trente et trente-cinq hectolitres à l'hectare.

Il s'emploie d'imménses quantités d'huile de
colza à la fabrication des savons, à la préparation

des cuirs et comme substance alimentaire. Ses résidus ou tourteaux sont un engrais de première
qualité dans la culture perfectionnée.

On conçoit avec quel avantage on ajoute et l'on
substitue le colza aux céréales, lorsque ces dernières surtout se vendent à bas prix. On ne saurait
donc trop conseiller d'en étendre la culture, tout
en prévenant qu'elle est épuisante; qu'elle emprunte beaucoup au sol et ne lui rend presque rien;
qu'il faut réparer cette grande absorption de sucs
nourriciers par des moyens améliorants, et que, si
les céréales réussissent ordinairement après le colza,
c'est simplement par l'effet de l'alternance ainsi
que des amendements, engrais et soins multipliés
qui précèdent et accompagnent sa culture.

Sa paille, d'autant plus grossière que le colza a
été plus beau, fait une incommode litière au bétail; on l'emploie à chauffer le four dans les pays
où le combustible est rare et cher.

AVOINE. — Les plantes oléagineuses dont il vient
d'être parlé ne composent encore dans l'Autunois
qu'une très minime et insignifiante portion de la
cinquième sole. Bientôt sans doute elles s'étendront

davantage ; on doit le désirer : ce sera la conséquence du bas prix persistant des céréales, de nos
progrès en culture et de la fertilisation de nos
terres. En attendant, l'*avoine* succédant au froment
fait la presque totalité de la cinquième sole.

Ce retour immédiat d'une céréale après le froment
est une infraction à la règle de l'alternance ; mais
le principe doit céder, pour un temps, devant la
nécessité.

D'ailleurs, la préférence donnée à l'avoine est
bien aussi justifiée par le double et précieux mérite de fournir dans sa paille et son grain un énorme
supplément de fourrage aux bestiaux, et de trouver
dans le sol plus d'engrais et d'amendements qu'il
ne lui en faut pour prospérer. La surabondance
de sucs nourriciers est démontrée par l'état toujours plus florissant des récoltes à chaque nouvelle
rotation quinquennale.

On a vu déjà figurer l'avoine à la deuxième sole,
et c'est là qu'on trouvera les détails de culture applicables à cette importante récolte ; il reste à les
compléter par ce qui s'applique spécialement aux
exigences de la cinquième sole.

Lorsqu'il sera possible de labourer avant l'hiver les terrains qu'occupait le froment et qui sont destinés à recevoir de l'avoine au printemps suivant, il n'y faut jamais manquer; il est inutile de les herser; les alternatives de pluie et de gelée pendant l'hiver suffiront pour les diviser. On aura soin, par exemple, de tirer un grand nombre de sillons d'écoulement dans lé sens des pentes. Au moyen de cette précaution, un second labour, donné de bonne heure après l'hiver, achèvera d'ameublir la terre.

Mais ce premier labour est rarement exécuté; le plus souvent on se contente d'en donner un seul au printemps; et comme, à cette époque, les pluies sont fréquemment durables, on court la chance de ne pouvoir introduire assez tôt la charrue dans un sol dur et profondément imbibé, et de ne semer qu'après le mois de mars, ce qui est toujours une circonstance fâcheuse. Malgré cet inconvénient, l'avoine semée sur nos terrains assolés et précédemment amendés par la chaux, donne constamment des produits avantageux : lors même que la paille reste courte par suite des longues sécheresses, il y a toujours suffisante abondance de grain.

VESCE CULTIVÉE POUR GRAINE. — De même que la navette et le colza, la *vesce* n'est récoltée en graine que l'année précédant la jachère. Toutes ces plantes répandent leurs semences mûres, quelque précaution qu'on prenne, et se reproduisent dans les récoltes suivantes, qu'elles épuisent et dont elles salissent le grain par leur mélange inévitable. Il faut donc qu'elles soient suivies de fréquents sarclages ou de récoltes-jachères, si l'on veut faire disparaître entièrement leurs traces.

On a présenté tous les détails obligés de culture des vesces lorsqu'il a été question des plantes-jachères ; on les a du moins suivies jusqu'à leur floraison, époque de leur fauchaison en vert. Ici, leur destination n'est plus la même : on veut recueillir leur graine; il faut les suivre jusqu'à leur disparition du sol.

On observera d'abord qu'il est regrettable de ne pouvoir compter sur la variété d'automne qui produit du grain plus abondant et plus gros, mais qui périt très fréquemment dans nos pays pendant les hivers rigoureux ou trop variables. On ajoutera que

la vesce cultivée pour graine doit être semée plus
clair que celle destinée à être fauchée en vert, et
que si, dans ce dernier cas, la quantité de semence
peut être de 3 hectolitres à l'hectare, elle ne sera
plus que de 2 dans l'autre.

La vesce est une des plantes qu'attaque la cuscute ; on doit y veiller et supprimer soigneusement
toutes les tiges qui en seront atteintes, tant dans
l'intérêt de la récolte actuelle, que pour avoir de la
semence nette l'année suivante.

Les semences de la vesce se forment successivement, et l'on voit encore souvent des fleurs lorsque les premières gousses sont déjà mûres : c'est
ce moment qu'il faut choisir pour la récolter ; en
attendant davantage, on risquerait d'en perdre la
meilleure partie.

La vesce produit beaucoup moins de graine dans
nos terrains argilo-siliceux que dans les bons sols
calcaires ; les améliorations successives feront disparaître cette notable différence.

Après avoir fauché la plante mûre, on la laisse
sécher sur place pendant quelques jours, en la
tournant et retournant plusieurs fois au soleil.

Le battage s'opère au fléau ou à la machine, et le grain achève de se dessécher étendu en couches minces au grenier.

La plante qui a porté graine, dépouillée d'une partie de ses feuilles par le battage, n'est plus qu'un très médiocre fourrage qu'on donne, pendant l'hiver, comme supplément de nourriture aux moutons à leur retour du pâturage.

La graine de vesce est la meilleure nourriture des pigeons qui produisent beaucoup quand ils en consomment, tandis que le sarrasin rend fréquemment leurs œufs inféconds. Elle paraît peu convenir aux autres volailles. Réduite en farine, elle engraisse les moutons et les bêtes bovines ; mais elle ne doit pas leur être donnée seule, parce qu'elle est très substantielle et échauffante. A raison de ces mêmes qualités, elle ne convient pas aux porcs qui ont besoin d'aliments d'une nature rafraîchissante. On en donne aux chevaux, avec ménagement, pour remplacer en partie l'avoine.

Il a été dit qu'elle était malfaisante pour l'homme; des essais répétés prouveraient le contraire : lors de la disette de 1847, il s'est vendu, sur les mar-

chés de la ville d'Autun, d'assez fortes quantités
de vesces mélangées au froment, dans la proportion d'un cinquième et même davantage, et ce
mélange n'a causé nul accident fâcheux. Ainsi, la
farine de vesce, surtout lorsqu'on n'en sépare pas le
son ou l'écorce noire, donne une teinte désagréable au pain de froment, peut même le rendre
lourd et compact; mais n'a pas de qualités nuisibles et malfaisantes.

La vesce, même récoltée en graine, est ordinairement suivie d'un beau froment; d'où l'on doit
conclure qu'elle est très peu épuisante récoltée de
cette manière et qu'elle est améliorante recueillie
en fourrage vert.

Il ne paraît pas y avoir avantage à substituer la
vesce blanche ou toute autre variété à celle qu'on
cultive habituellement dans nos pays.

CAMÉLINE. — Après la récolte de la navette et du
colza, la saison peut sembler trop peu avancée pour
ne pas tenter encore quelques cultures de courte
durée. Certaines variétés de pommes de terre seraient susceptibles d'être encore récoltées avant
l'hiver. Cependant, s'il est bon de ne pas laisser

chômer inutilement le sol, il est aussi convenable de ne pas le fatiguer outre mesure à la fin de l'assolement, alors qu'il réclame de nouveaux sucs fertilisants et qu'il se trouve plus ou moins sali par les récoltes précédentes.

Mais si, à une époque déja tardive pour des semailles, on s'apercevait de la perte d'une récolte principale, on serait heureux de la remplacer par une plante à végétation rapide. C'est encore une plante oléifère, la caméline, qui remplirait cet objet.

La *caméline*, crucifère oléagineuse qui croît naturellement dans certaines contrées tempérées de la France, est peu généralement cultivée, et n'est pas connue dans nos pays. Elle mériterait cependant, pour ses qualités exceptionnelles, d'être admise dans la culture alterne.

Cette plante est peu délicate sur le terrain, pourvu qu'il soit léger ou bien ameubli. Traitée comme récolte principale, elle recevra deux labours suivis de hersages. Si l'on juge à propos de fumer, le fumier sera enterré par le deuxième labour ; puis, la graine, semée à la volée, à la dose de 4 litres

pour un hectare, sera enfouie par un dernier hersage très superficiel.

La graine est fine et ne conserve pas sa faculté
germinative au-delà d'une année.

Comme récolte de remplacement, elle ne reçoit
qu'un seul labour, avec les autres préparations qui
viennent d'être indiquées.

L'époque la plus convenable pour semer la caméline est le mois de mai; on peut cependant
la semer jusqu'en juin et juillet. Elle résiste aux
chaleurs et à la sècheresse; elle n'est attaquée ni
par les altises ou puces de terre, ni par les pucerons.

Il convient de lui donner un sarclage et de l'é-
claircir de manière que les plantes soient distantes
entre elles de 16 centimètres.

Si l'on voulait, au lieu de récolter la caméline
en graine, l'enfouir comme engrais vert, ce à quoi
elle serait très propre, on ne l'éclaircirait pas et on
la retournerait en pleine fleur.

Cette plante parcourt en trois mois le cercle de
sa végétation; semée en mai, elle peut être récoltée
à la fin de juillet; en sorte qu'il serait possible de

prendre, sur le même terrain, deux récoltes dans la même année. On ne peut, du reste, en donner le conseil, sans recommander au moins d'enfouir la première lors de sa floraison.

Au moment où mûrit la semence, il faut tâcher d'en éloigner les oiseaux granivores qui en sont fort avides.

La récolte de la caméline exige les mêmes précautions que celle de la navette et du colza : son rendement varie beaucoup, et peut aller de 12 à 15 hectolitres par hectare.

On extrait de la graine une huile très médiocre comme assaisonnement, mais brûlant sans odeur et donnant une belle lumière.

RÉSUMÉ DE L'ASSOLEMENT QUINQUENNAL.

L'assolement quinquennal est le plus améliorant, le plus économique et le plus productif que puisse comporter l'état actuel de nos terres. Il suffit de le résumer pour s'en convaincre.

La *première sole* peut se diviser en trois parties à peu près égales : l'une consacrée aux pommes de terre, une seconde au sarrasin, la troisième aux diverses autres plantes-jachères. Toutes trois sont abondamment fumées et amendées.

C'est à cette sole que s'appliquent les amendements que réclame chaque nature de terrain, et, en même temps, une fumure qui rarement reçoit un supplément pendant la rotation entière. Cette fumure, pour être efficace, ne doit guère être moindre de 18,000 kilogrammes de fumier d'étable à l'hectare.

La pomme de terre, nourriture de l'homme et des animaux, recevant des labours et des soins continuels; le sarrasin, les légumineuses-fourrages, la betterave, la carotte, le topinambour, exclusivement consommés par les bestiaux, reviennent en engrais à la terre et lui rendent autant qu'ils ont reçu d'elle.

Le maïs, les légumineuses sarclées nourrissent principalement l'homme; mais ces plantes sont peu épuisantes et laissent le sol dans un état parfait de netteté et de préparation.

Le chanvre, auquel on donne une grande quantité d'engrais consommés et de terreaux, laisse le terrain tellement fécondé, que la seule crainte à concevoir est de voir verser les céréales qui lui succèdent.

La *deuxième sole,* après un seul labour, produit une moisson constamment belle, de seigle sur les terres amendées pour la première fois, de froment sur toutes celles qui ont reçu plus d'un chaulage, et d'avoine sur les terrains qui n'ont pu être emblavés en automne.

La *troisième sole* se trouve entièrement couverte de prairies artificielles, principalement de trèfles semés sur les céréales de l'année précédente.

Sur la *quatrième sole,* après un simple labour superficiel, on retrouve le froment, l'orge, l'avoine, le lin ; on peut encore y prendre une récolte dérobée de raves ou navets.

Enfin, sur la *cinquième sole,* ajoutée dans l'origine aux quatre autres, pour éloigner le retour trop fréquent des mêmes fourrages artificiels, et provisoirement adoptée, l'on recueille la navette, le colza, la vesce en graine, la caméline et principalement l'avoine, récolte aussi précieuse que peu exigeante.

On ne saurait désirer, sur des terrains aussi récemment assolés et améliorés, une plus riche succession de céréales, de fourrages artificiels, de plantes oléagineuses ; et l'expérience démontre que ce résultat s'obtient en laissant la terre toujours plus fertile à chaque rotation quinquennale.

Ainsi se trouve atteint le double but de créer en abondance des produits végétaux et animaux promptement réalisables, et d'accroître graduellement, par des plantes fourragères et réparatrices, la fertilité du sol, gage de prospérité dans l'avenir.

A la vérité, le principe de l'alternance se trouve un peu froissé par l'admission de l'avoine à la cinquième sole, immédiatement après d'autres céréales ; mais il est à présumer que bientôt les terres, suffisamment fertilisées, permettront de lui substituer des récoltes oléagineuses. Ce remplacement alors sera d'autant plus facile, que l'avoine est peut-être elle-même destinée à remplacer un jour les céréales d'hiver de la deuxième sole, lorsque le froment, sur des terrains profondément améliorés, deviendra trop vigoureux pour permet-

tre aux fourragères artificielles de croître sous son
ombrage.

Il est superflu, sans doute, de démontrer quelle
énorme différence de produits doit exister entre
l'ancien assolement biennal, comportant la jachère
nue suivie d'une céréale, et l'assolement quinquennal, pendant lequel la terre, sans s'épuiser, demeure continuellement couverte de récoltes combinées de manière à se favoriser mutuellement.

On pourra, si l'on veut, ne considérer cet assolement quinquennal que comme un cadre susceptible de recevoir une multitude de combinaisons
différentes et de durée variable. Ces combinaisons,
il serait impossible de les déterminer; elles seront
indiquées par les facilités et les besoins de localité.

Ici, dominera la culture des céréales; tous les
efforts de l'agriculteur tendront à les faire précéder
et suivre de plantes améliorantes.

Là, c'est un système pastoral, ou l'élève en grand
du bétail, qu'impose l'humidité du sol et du climat : alors, au lieu d'une fourragère annuelle ou
bisannuelle, on sèmera soit des légumineuses de
longue durée, comme la luzerne et le sainfoin, soit

des graminées vivaces, auxquelles succèdent, à de longs intervalles, de plus rares céréales.

Ailleurs, c'est la betterave à sucre, ce sont les cultures oléagineuses que réclament principalement l'industrie et le commerce : l'élévation du produit net permettra l'achat d'engrais artificiels, comme supplément au fumier d'étable.

L'assolement qui vient d'être tracé restera toujours, en définitive, comme une règle facile à observer et que pourra suivre en toute sécurité le cultivateur assez modeste pour se défier de lui-même, auquel le doute, l'incertitude et l'oubli des opérations à exécuter en chaque saison occasionnent souvent de très grands dommages.

TROISIÈME PARTIE.

CHAPITRE Ier.

PRÉS.

L'abondance des fourrages est, en agriculture, le premier élément de prospérité, et l'on ne saurait trop répéter aux cultivateurs cette formule, devenue banale, que, sans fourrages, il n'y a pas de bestiaux, par conséquent pas d'engrais ni de récoltes abondantes.

Dans les contrées en plaine, privées de cours d'eau, jouissant néanmoins d'un sol fécond, on cultive des fourrages artificiels qui presque toujours réussissent : on peut, à la rigueur, s'y passer de prés.

Dans les pays plats, moins privilégiés, qui ne sont ni pourvus d'eaux courantes, ni fertiles, on tente également la culture des plantes fourragères artificielles, sans avoir la même certitude de succès. La privation de prés, dans ces circonstances, est une nécessité fâcheuse à laquelle il faut bien se soumettre.

Mais, partout où coule une rivière, un ruisseau ; dans toutes les régions plus ou moins accidentées, où l'on peut recueillir les eaux pluviales à défaut de cours d'eau naturels et pérennes, on ne doit jamais négliger la moindre possibilité de créer un pré, ou d'améliorer ceux qu'on y possède.

Les climats tempérés, humides et frais sont les plus favorables à la création des prés : on se trouve dans les meilleures conditions, lorsque, indépendamment de ces avantages, on dispose de sols calcaires qui produisent généralement des herbages et des foins plus substantiels que les terrains granitiques. Cependant, quoique les fourrages de ces derniers engraissent moins les animaux, ils sont encore très convenables pour l'élève et la multiplication des bestiaux.

Dans les vieilles fermes de l'Autunois, c'est-à-dire dans la plus grande partie du pays, l'étendue des prés n'est nullement en rapport avec celle des terres arables; cette proportion qui devrait être au moins du tiers, se réduit souvent au huitième de ces dernières; et rien n'égale l'insouciance avec laquelle on traite ces prés insuffisants.

Presque tous doivent leur existence séculaire au hasard, à la rencontre de quelques sources, à leur nature marécageuse qui en aurait rendu la culture difficile.

Leur sol, d'une faible épaisseur, repose le plus souvent sur une argile imperméable, quelquefois mélangée de tourbe. Leur surface entière, noyée sous l'eau stagnante pendant une moitié de l'année, subit, pendant l'autre, une sècheresse absolue. On y remarque cependant quelques points isolés, dont la verdure éclatante contraste avec l'aridité du reste. Ces touffes vertes, ordinairement supportées par des terrains mouvants, sont une précieuse indica-

tion ; elles couvrent des sources dont nul ne cherche à tirer parti.

Au fond d'une multitude de vallées, des ruisseaux et de petites rivières serpentent, sans qu'on
pense à les détourner au profit des terres riverai-
nes, qu'elles inondent dans les grandes crues de
l'hiver.

Non-seulement on n'utilise pas les eaux pluviales descendant des montagnes ou des collines qui
dominent ces vallées ; mais, par la destruction
totale des arbres et buissons sur les pentes les plus
abruptes, par une culture inintelligente, on y crée
des torrents qui ravinent les sommets et couvrent
les prés inférieurs de graviers et de fragments de
rochers.

On pourrait du moins avoir à proximité des fermes de bons herbages qui seraient fécondés par le
purin et les eaux de fumier, par les égouts des
toits, de la basse-cour et des chemins contigus. Ce
moyen si simple est dédaigné comme le reste ; la
partie la plus substantielle des engrais s'écoule en
pure perte.

On peut affirmer que, pour la création, de même

que pour l'amélioration et l'entretien des prés, il conviendrait de prendre le contre-pied de ce qui se pratique dans la routine ordinaire.

Section Ire. — *Création des prés.*

Dans nos pays où la médiocrité du sol ne permet guère d'établir des prés non arrosables, il faut préalablement s'assurer de la possibilité de diriger, sur ceux qu'on voudrait créer, les eaux d'une rivière, d'un ruisseau, les égouts de la cour, le contenu d'un réservoir, ou simplement d'abondantes eaux pluviales.

Tout terrain n'est pas propre à être immédiatement converti en pré : si la couche arable repose sur un sous-sol imperméable, il faut qu'un labour de 30 centimètres au moins et des cultures préalables l'amènent à une condition meilleure. Il en serait de même, quoique le sous-sol fût perméable, si le terrain était de qualité tout-à-fait inférieure. Une sole de plantes-jachères, avec chaulage, fumure, sarclages rigoureux pour détruire les mauvaises semences, est une préparation très nécessaire.

On pourrait ensuite, à la rigueur, ensemencer le pré; mais il est mieux d'avoir encore la sole de céréales, puis celle de trèfle qu'on retourne pour semer les graminées fourragères.

Avant tout, on doit assainir et dessécher complètement le terrain par des fossés de ceinture et par des tranchées en travers de la pente. Ces tranchées, faites à ciel ouvert, et mieux, couvertes par le procédé du drainage, servent surtout à recueillir le produit des fondrières ou sources cachées, dont une seule suffit pour transformer en marécage un pré tout entier.

Les fossés et tranchées à ciel ouvert doivent avoir leurs bords rabattus en pente très douce, de manière à se gazonner jusqu'au fond, qui seul est occupé par l'eau pendant les quatre cinquièmes de l'année. C'est un moyen d'augmenter la surface des prés, tout en opérant leur complet assainissement.

On fera disparaître toutes les fourmilières, taupinières et inégalités, ce qui doit s'entendre, néanmoins, des seules aspérités peu considérables; car, si l'on rencontre des accidents de terrain d'une certaine étendue, leur suppression occasionnerait de trop grands frais. On y conduit l'eau s'il est possible; on y fait quelque plantation utile si l'on ne peut les arroser; mais on ne doit pas, pour obtenir une régularité parfaite, se jeter dans des dépenses qui ne seraient pas justifiées et remboursées par le produit ultérieur.

C'est après ces préliminaires, la plupart indispensables, tous très nécessaires, et sur un sol parfaitement nivelé, qu'il est convenable d'ensemencer les prés.

Cependant, au lieu d'aplanir le terrain, comme on vient de le dire, il est quelquefois avantageux de le disposer selon la méthode usitée dans certaines contrées tourbeuses, à sol plat et sans écoulement. On y forme, lors d'un dernier labour préparatoire, des planches en ados de 10 ^{m} environ de largeur, d'où l'eau s'échappe aisément. On verra plus loin la manière d'arroser les prés en ados.

Le choix de la semence est un point important : on se contente communément de ramasser les débris, ou ce qu'on nomme le *poussier de foin*, de prés anciens, sans se préoccuper de la qualité des plantes qu'ils contiennent, et malheureusement le plus grand nombre de ces plantes est inutile quand il n'est pas nuisible.

Il faudrait n'employer que des graines de plantes connues : on en trouve dans le commerce, mais à des prix tellement élevés, que bien peu de cultivateurs en font un usage exclusif. Communément, ceux qui font le mieux se procurent le poussier de bonnes prairies, auquel ils ajoutent quelques graines de choix.

Il y aurait une manière de se procurer, sans dépense, des semences de bonne qualité ; on ne peut lui reprocher que d'être minutieuse et peu expéditive : c'est de recueillir à la main ces semences, à l'époque de la maturité de chaque plante, de les semer séparément pour les récolter dans leur perfection. Ce mode peut même devenir, dans de bons terrains, une utile spéculation, vu le prix de ces graines.

Les terres légères, saines, sèches et chaudes se sèment aux premières pluies de septembre : les terrains bas, argileux, forts, humides et frais, ceux qui sont sujets à se soulever et à déchausser les plantes en hiver, se sèment au printemps. A l'une et l'autre époque, une température douce est favorable à la levée des graines ainsi qu'au prompt accroissement des plantes.

Pour ne pas se priver de récolte la première année, on sème, en automne, sur une céréale de cette saison ; au printemps, sur une céréale de printemps ou d'automne. Il n'est possible néanmoins de semer sur céréale d'automne, qu'autant que le sol est assez incliné ou perméable pour comporter cette sorte de céréale sans être disposé en planches ou sillons. Quant aux céréales de printemps, la saison permet de les semer entièrement à plat, condition ordinairement indispensable pour la formation d'un pré.

Lorsqu'on sème le fourrage à la même époque qu'une céréale, on commence par semer et herser la céréale, qui doit être enterrée plus profondément ; puis ensuite, on répand la graine de foin, qu'on enfouit par un très léger hersage, ou seulement en traînant par-dessus un fagot d'épines. Si

l'on sème au printemps sur une céréale d'automne,
il ne faut pas craindre de charger un peu la herse.
Dans tous les cas, les céréales doivent être ensemencées clair, afin de ne pas étouffer les plantes
fourragères.

Les graines de fourrages étant fines et légères,
on les répand par un temps calme, à deux reprises,
en allant et revenant. Les graines de différents poids
et grosseurs se sèment successivement sur le même
terrain.

Quand, plus tard, les semis présentent des vides,
on les ressème et l'on enterre la nouvelle graine
avec la herse ou le râteau.

La nature du terrain détermine le choix des
espèces et des graines; en les mélangeant sans discernement, on s'expose à récolter plus tard des
graminées trop mûres avec d'autres qui ne seront
pas encore développées ; à semer vainement, dans
des terrains secs, des espèces qui exigent une terre
humide, et réciproquement.

Veut-on ensemencer une terre basse et humide?
On choisit la *houque laineuse,* la *fétuque des prés,*
l'*ivraie vivace* ou *ray-grass,* le *pâturin des prés* et.

dans les sols les plus humides, la *fétuque flottante*.

Doit-on semer en terrain sec et élevé? on choisit, au contraire, le *páturin commun*, le *dactyle pelotonné*, la *crételle*, la *brize tremblante*, les *fétuques rouge* et *ovine*, l'*avoine élevée* ou *fromental*.

Faut-il se procurer un pâturage ou un fourrage précoce? on y consacre la *flouve odorante*, le *vulpin des prés*, la *fléole* ou *thimothy*, et, dans les sols calcaires, la *pimprenelle*.

S'il est nécessaire de se ménager un fourrage ou un pâturage tardif, on emploie les pâturins, l'*agrostis fiorin*.

Dans les prés susceptibles de produire du regain, on fait dominer le dactyle, le vulpin, l'agrostis fiorin.

Le *trèfle blanc* est très propre à accroître la qualité et la quantité des fourrages semés dans ces différentes conditions; il s'allie bien avec toutes les graminées.

Suivant le volume des semences employées en mélange, on sème ordinairement, par hectare, de 30 à 50 kilogrammes de graines. Quelques-unes, telles que l'agrostis fiorin, la flouve odorante, ne doivent entrer dans les mélanges que pour de très petites quantités ; tandis que le fromental s'emploie en quantité.double des autres.

Lorsqu'on sème du poussier de foin, on ne peut guère craindre d'en trop mettre, puisque la plus grande partie se compose plutôt de débris de plantes que de graines ; c'est pour ce motif qu'il est sage d'y joindre un supplément de graines choisies, et toujours du trèfle blanc.

Les plantes les plus propres à regarnir les vides dans les semis sont l'agrostis fiorin et la *fétuque traçante*.

Ainsi qu'on l'a dit, il faut consulter la nature des terres à semer, et choisir d'abord les meilleures plantés parmi celles qu'on y voit réussir naturellement. Dans les graminées fourragères, à préférer comme les plus parfaites, on compte le vulpin, la fétuque des prés, les pâturins commun, des prés et des bois, l'ivraie vivace ou ray-grass, le dactyle pelotonné, la houque laineuse, le *brôme des prés,* la flouve odorante, la brize tremblante, la fléole ou thimoty, l'avoine élevée ou fromental, l'agrostis fiorin.

Dans certains pays on pratique, pour la formation des prés, un mode qui présente de grands avantages, mais aussi de graves inconvénients : il consiste à transporter, sur un terrain parfaitement préparé et nivelé, le gazon d'un autre terrain qu'on veut mettre en culture. Les mottes de gazon, divisées par des charrues spéciales ou avec la hache à pré, sont enlevées par une autre charrue à soc large et plat, ou avec la pelle à pré, puis replacées les unes près des autres.

On obtient ainsi une récolte abondante dès l'année suivante, surtout si l'on a pu activer la reprise et la végétation par des irrigations sagement ménagées. Les principaux inconvénients qui en résultent sont d'enlever à l'emplacement d'un vieux pré qu'on va cultiver sa substance et son principal agent de fertilisation ; de diminuer beaucoup la couche arable, d'abaisser le niveau du terrain. Ce qu'on peut conseiller à cet égard, c'est de consulter les circonstances locales, ainsi que la fertilité et la profondeur du sol qu'on veut dépouiller.

Section 2ᵉ. — *Restauration des prés.*

Il est certains prés qu'on ne peut améliorer qu'à grands frais sans les retourner ; tels sont ceux qui consistent en une très mince couche de terre végétale sur un sous-sol imperméable d'argile pure ou mélangée de tourbe. On ne trouve dans ces prés que des plantes aigres ou dangereuses, des joncs, des laîches de la plus mauvaise catégorie, la pédiculaire des marais, le petit genêt épineux, des renoncules, et pas une seule graminée utile. Le moyen le plus court et le moins coûteux de donner quelque valeur à de semblables prés, c'est de les labourer profondément, de les cultiver et amender, puis de les rétablir.

Il y en a d'autres dont le sol a plus d'épaisseur, et que le séjour, longtemps prolongé, d'eaux stagnantes a presque réduits au même état ; on y remarque cependant quelques bonnes graminées, faibles à la vérité, et subsistant avec peine à travers les plantes aquatiques et les mousses. Quelquefois le

17

sol repose sur la tourbe également inondée, durant l'hiver au moins ; mais l'inclinaison du terrain y a produit un assainissement incomplet pendant l'été et permis l'existence de quelques bonnes plantes.

La triste condition de ces prés a encore été aggravée par le parcours continu des bestiaux, aux époques pluvieuses de l'année ; l'argile et la tourbe, pétries par les grands animaux, sont devenues impénétrables à l'eau qui ne peut plus en disparaître que par l'évaporation. On pourrait croire le mal sans remède; il est loin cependant d'être incurable. La cause qui l'a produit est la permanence de l'eau stagnante, et, le plus ordinairement, toute cette eau est le produit d'une source qui a son issue à la partie supérieure d'un terrain peu incliné. Interceptée à son point de départ, au moyen d'une tranchée transversale, assez profonde pour n'en laisser rien échapper, et convenablement dirigée, elle cessera de nuire et deviendra même un bienfaisant moyen d'irrigation. Bientôt on verra cesser cet état marécageux qu'on supposait provenir d'une multitude de sources hivernales et le sol se raffermir.

Ce résultat obtenu, les aspérités du terrain sont

enlevées à la pioche et servent à remplir les trous
et dépressions. On achève d'aplanir la surface avec
quelques tombereaux de terre, de sable fin, de
plâtras ou de décombres ; on sème de la graine de
foin sur les places fraîchement remuées ; puis, des
cendres lessivées sont répandues sur toute la superficie avec un peu de fumier consommé et de la
chaux vive pulvérisée.

Le moment le plus opportun pour exécuter ces
opérations est le mois de septembre ou le commencement d'octobre, afin que les semences aient le
temps de bien lever et la terre de se raffermir avant
les gelées. On y repasse au printemps pour rétablir
les dégradations de l'hiver.

L'assainissement complet d'un pré marécageux
est toujours possible et même facile lorsqu'il est incliné ; s'il n'y existe aucune pente, ou si c'est un
bas-fond, la difficulté devient plus grande. On peut
être forcé d'y faire la part de l'eau, d'y creuser des
réservoirs, de larges fossés qui reçoivent l'eau surabondante et dont la terre hausse le niveau du sol
environnant.

Il importe beaucoup de planter, sur les rives des

réservoirs et des fossés, un grand nombre d'arbres de nature et contexture spongieuses absorbant journellement beaucoup d'eau ; les saules, les aulnes, les osiers y sont essentiellement propres.

Les prés marécageux, ainsi traités, changent bientôt d'aspect ; les joncs, la mousse et la plupart des plantes qui les couvraient disparaissent, font place à de bonnes graminées, et, chaque année, le produit devient plus substantiel et plus abondant, car ces sortes de terrains sont souvent d'excellente qualité ; ils ne réclamaient que des soins intelligents pour acquérir une grande valeur.

Les prés de cette nature, après avoir été assainis, peuvent encore être traités par un procédé d'un effet peut-être plus efficace et surtout plus promptement complet, par l'écobuage. Avant la fin des chaleurs d'automne, ou lorsqu'elles recommencent au printemps, la superficie entière est levée à la manière accoutumée, mise en monceaux et calcinée ; puis, après avoir étendu la cendre, on y sème la graine qui lève et se développe rapidement.

Section 3ᵉ. — Entretien des prés.

L'entretien des prés ne demande pas moins de
soins, d'attention et surtout de persévérance que
leur création.

Des haies vives doivent les clore entièrement, en
défendre rigoureusement l'accès et le parcours aux
animaux qu'on ne veut pas y laisser pâturer, principalement aux porcs qui les bouleversent et les
dévastent. Les haies vives présentent en outre les
nombreux avantages d'entretenir une fraîcheur
constante par leur ombrage, d'intercepter les vents
glacés en hiver et brûlants en été, d'arrêter et de
prévenir les ensablements causés par les orages, de
diviser la prairie en enclos de moyenne grandeur,
enfin, de fournir une coupe régulière de bois et
d'épines.

On aura soin de ne former les haies vives qu'a-
vec des arbrisseaux non traçants, comme l'aubépine, infiniment plus convenable que l'épine noire,

qui étend fort loin ses drageons. Les divisions intérieures peuvent encore, afin de ménager davantage la superficie gazonnée, être établies avec du gros fil d'archal soutenu par des poteaux. Ces clôtures, néanmoins, qui n'ont qu'une durée limitée, sont réservées pour les alentours des habitations d'où l'on peut les surveiller.

Il est bien de ménager ou planter dans les prés quelques arbres isolés pour abriter les animaux qui viennent fréquemment s'y frotter avec force. On choisira de préférence des arbres à basse tige et à feuillage épais, plutôt que des arbres élancés qui attirent la foudre dans les moments d'orage.

Les prés doivent être soigneusement débarrassés au printemps des buissons qui peuvent y avoir crû, des taupinières et des fourmilières anciennes et récentes, des débris de bois, des feuilles mortes, du limon, amenés par les inondations. Les tiges desséchées des plantes qu'a dédaignées le bétail au pâturage d'automne seront coupées à la faulx; les pierres, répandues à la surface des prairies nouvelles, enlevées et employées à la confection des aqueducs et pierriers.

On ne négligera rien pour détruire les taupes, qui, par leurs tranchées souterraines, interceptent l'eau des irrigations et, par leurs taupinières, gênent beaucoup le faucheur. Les taupinières sont ordinairement répandues à la pioche ; on peut les étendre plus promptement, en passant par-dessus une herse renversée, à la fin de l'automne ou au printemps.

Il est nécessaire de parcourir les prés au printemps pour en arracher à la pioche les plantes envahissantes et nuisibles qui s'y sont introduites, notamment les chardons, les patiences, la berce brancursine et quelques autres qui varient selon les terrains et leur exposition.

On ne peut pas dire que le parcours du bétail soit tout-à-fait sans inconvénients pour les prés ; quelque surveillance qu'on donne aux animaux, il est difficile d'empêcher qu'ils ne causent de légères dégradations. D'un autre côté, les avantages qu'on en tire compensent très largement un petit surcroît de frais d'entretien.

Les prés gagnent au pâturage des bestiaux qui y répandent beaucoup d'engrais, et l'on perdrait une grande quantité de fourrage en ne faisant pas consommer sur place celui dont on ne peut tirer d'autre parti : ce qu'il en reste après la fauchaison, le regain trop court pour être fauché, pourriraient l'hiver en pure perte.

Tout en maintenant l'obligation d'éloigner le bétail des prés aussitôt que les pluies en ont ramolli la surface, les fauchaisons terminées, on y fait passer successivement avec grand avantage les différents animaux : les bœufs y sont envoyés les premiers, puis les vaches, auxquelles succèdent les chevaux, et, en dernier lieu, les moutons. Les bœufs s'y rétablissent de l'extrême fatigue des semailles d'automne; les vaches y prennent beaucoup de lait; les uns et les autres y acquièrent la force et l'embonpoint nécessaires pour supporter sans peine le régime de stabulation complète pendant l'hiver.

A la fin de l'automne, lorsqu'arrivent les grandes pluies, tous les animaux seront exclus des prés; ils n'y devront point rentrer avant les fauchaisons de l'année suivante. Aussitôt après leur sortie, les fientes qu'ils y ont laissées sont divisées et répandues sur la surface environnante.

Section 4ᵉ. — *Irrigation.*

Le dessèchement complet d'un pré se lie essentiellement, ainsi qu'on l'a dit, à son arrosement.
Sans la première de ces opérations, la seconde devient non-seulement inutile, mais encore très nuisible.

L'irrigation doit cesser au moment où l'on juge
qu'elle a suffisamment duré ; en conséquence, on
prépare une issue facile à toute l'eau que le pré
pourra recevoir.

Un pré récemment semé ne peut être irrigué tant
que sa surface ne sera pas couverte et raffermie
par le gazonnement ; c'est alors seulement, c'est-à-
dire un an après sa création, qu'on y établit le réseau des rigoles d'arrosement. En y conduisant
l'eau prématurément, on risque de causer des dégradations et de déchausser les jeunes plantes.

Il s'en faut que toutes les eaux soient également
propres à l'irrigation : celles qui sont ferrugineu-
ses, alumineuses, thermales, éteignent la végéta-

tion; celles qui ont traversé de grandes forêts,
contiennent beaucoup de tannin et sont également
infécondes; la glace et la neige fondues ne produisent aucun bon effet. Il n'est pas impossible, néanmoins, de neutraliser, jusqu'à un certain point, la
mauvaise qualité de ces eaux par le repos dans des
réservoirs et l'addition de terres ou engrais.

Les meilleures eaux d'irrigation sont : les plus
potables, celles des rivières découvertes qui ont
traversé des pays calcaires ou fertiles; celles qui
découlent des lieux habités par de nombreuses populations; celles des orages en été, ou celles qui
descendent des terres ensemencées en automne,
toutes celles qui sont plus ou moins chargées de
substances terreuses et fertilisantes; enfin le produit des sources ordinaires et de la pluie.

De quelque part qu'on amène l'eau, il faut la
conduire au point le plus élevé possible du pré
qu'on veut arroser.

On s'empare de l'eau d'une rivière ou d'un ruisseau par des barrages et des vannes s'ouvrant et se
fermant à volonté.

Du point le plus rapproché du barrage ou d'un

réservoir part un *canal de dérivation,* dont la profondeur et la largeur sont en rapport avec la quantité d'eau détournée. Sur ce canal, qui côtoie la
partie la plus élevée du pré, s'embranchent successivement des *rigoles principales* ou *rigoles de tête,*
à des distances déterminées par les mouvements
les plus considérables du terrain et par la capacité
de chacune de ces rigoles.

Les rigoles de tête, alimentées au moyen d'em-
pellements placés dans le canal de dérivation, dé-
versent leur contenu dans des *rigoles d'arrosement,*
qu'on espace à 10 mètres environ : puis les eaux
sont recueillies par des *fossés d'écoulement* qui les
emmènent hors du pré, ou les rendent au courant
qui les a primitivement données.

Un exemple rendra plus compréhensibles les
indications qui précèdent : qu'on suppose un de
ces prés, disposés en vallons, qui se rencontrent
communément dans nos fermes. (Voyez la figure 1re
ci-après.) De son point le plus élevé G G commence une pente irrégulière, peu rapide, mais continue jusqu'à son autre extrémité. Ses deux parties
latérales vont en s'abaissant jusqu'au centre H DC C

qui est la partie la plus basse. Dans le fond de
cette petite vallée coule un faible ruisseau qui se
gonfle dans la saison des pluies et tarit ordinairement vers le milieu de mai.

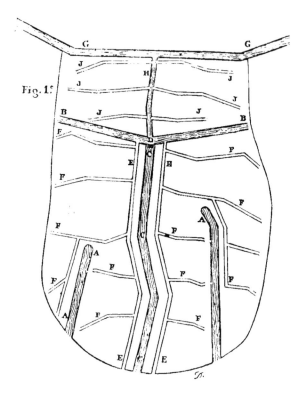

Fig. 1.

Un fossé G G arrête l'eau pluviale qui précédemment descendait des points supérieurs sur le
pré, et l'amène dans le ruisseau ; mais, à quelques
mètres plus bas, une ligne transversale de sources

se répandait sur tous les points inférieurs, et les convertissait en marécage. Un large fossé B B, à peu près parallèle au premier, creusé à une profondeur telle que l'eau n'y pénètre plus par le fond, intercepte toutes les sources et les conduit également au ruisseau, dont la suite C C C est creusée et régulièrement ouverte jusqu'à la partie inférieure du pré.

Lorsque l'eau ne sera point utile à l'irrigation, elle s'écoulera par le ruisseau qui devient un fossé d'assainissement ; mais, dès qu'on voudra arroser, un empellement placé au point D fera refluer l'eau dans le fossé B B qui est canal de dérivation.

Des deux côtés de l'empellement D partiront deux rigoles de tête E E, de 6 centimètres seulement de profondeur sur 25 à 30 centimètres de largeur, lesquelles suivront parallèlement, à 1 mètre de distance, le ruisseau ou fossé d'assainissement.

De ces rigoles de tête sortiront, de 10 mètres en 10 mètres, disposées en feuille de fougère, de petites rigoles d'arrosement F de même profondeur,

larges de 24 centimètres, qui se dirigeront latéra-
lement sur le pré par une pente presque insen-
sible à l'œil, mais constante, et l'arroseront dans
toutes ses parties.

Cependant, vers la partie moyenne et inférieure
du pré, quelques petites sources se manifestant
encore sur l'un et l'autre versant, il a fallu les
intercepter par les fossés secondaires d'écoulement
A qui empêchent les rigoles d'arrosement d'aller
jusqu'à la clôture latérale. Deux de ces dernières
rigoles viendront longer, par derrière, les fossés A,
et, devenant rigoles de tête, arroseront les parties
que ces fossés empêchaient d'atteindre.

De cette manière, l'eau prise près de l'empellement D, par les rigoles de tête, interceptée partiellement au point d'insertion de chaque rigole
d'arrosement par un des gazons sortis de ces rigoles, est forcée de couler dans toutes ces dernières,
d'où on la fait déborder régulièrement par d'autres
petits gazons placés de distance en distance pour
gêner son cours ; c'est ce qu'on appelle *régler
l'eau*.

Il reste à irriguer la partie supérieure du pré,

parfaitement assainie par les deux canaux de dérivation G G et B B ; le sommet du ruisseau H, peu
profond sur ce point, faisant l'office de rigole de
tête, distribuera l'eau dans les rigoles d'arrosement J J suffisantes pour baigner ce petit espace.

Cet exemple, pris au hasard, peut, on le comprend, se modifier de mille manières différentes,
selon les circonstances et la conformation du sol.

L'irrigation des prés en ados s'opère au moyen
d'une rigole principale placée transversalement en
tête des planches et distribuant l'eau dans des rigoles tracées au sommet et tout le long de chaque
planche. Des raies d'écoulement séparent ces planches et donnent issue à l'eau d'irrigation qui s'é-
coule ensuite par des fossés d'assainissement.

Pour creuser les rigoles, on fait usage de deux
petits instruments des plus indispensables : une
hache à pré (Voyez ci-après figure 2.) de 46 centimètres de longueur sur 7 centimètres de largeur,
ayant un manche de 78 centimètres, au moyen de
laquelle on tranche le gazon en suivant un cordeau
à reculon ; et une petite *pelle à pré* (Voyez ci-après
figure 3.) de 25 centimètres de longueur sur 12 cen-

timètres de largeur, ayant un manche de 1 mètre,
avec laquelle on lève les gazons préalablement
divisés, à la hache, en parallélogrammes de 33 centimètres de longueur sur 16 de largeur. [1]

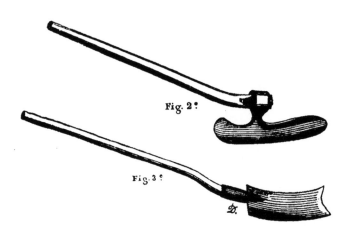

Fig. 2?

Fig. 3?

Nulle part l'eau ne doit rester dormante, pas
plus dans les fossés et rigoles qu'à la surface du
pré, sous peine d'y voir croître des joncs et des
plantes aquatiques. Il faut cependant éviter les
courants rapides qui ravineraient le sol : une pente
de 1 à 2 millimètres par mètre suffit ordinairement.

[1] Ces deux instruments sont de l'invention de M. Charles
Simon, créateur de beaux travaux d'irrigation dans l'Autunois
et ailleurs.

On doit tâcher d'y apporter une régularité et une exactitude à peu près géométriques, qu'on obtient aisément par l'emploi du niveau à bulle d'air.

Le maximum de distance entre les rigoles d'arrosement n'est point arbitrairement fixé à 10 mètres; il est motivé par la qualité décroissante de l'eau qui vient d'arroser cet espace, et qui, dépouillée, par son contact avec les herbes, des gaz et principes fertilisants, ne conserve plus, au bout de 10 mètres, aucune vertu fécondante. De là, la nécessité de conduire de l'eau qui n'a pas irrigué, de *l'eau vierge*, jusqu'aux dernières rigoles d'arrosement. Il est pourtant à remarquer que l'eau qui a arrosé reprend de la qualité après avoir de nouveau coulé et séjourné dans un ruisseau ou un réservoir. C'est ce qui justifie les *rigoles de reprise*, pratiquées sur des surfaces un peu considérables, et recueillant l'eau qui vient d'arroser, pour la distribuer de nouveau avec l'eau vierge qu'il est possible d'y joindre.

Le mode d'irrigation dont il vient d'être donné une idée, est celui qui est usité dans nos terrains à sous-sol plus ou moins imperméables. Dans les

sols perméables et légers, il peut être convenable
d'irriguer par *infiltration*; ce qui s'opère en rem-
plissant d'eau les canaux et rigoles, pendant un
temps déterminé.

On se sert utilement de l'eau d'irrigation pour
conduire et distribuer sur toute la surface d'un pré
le suc des engrais déposés dans des réservoirs supérieurs, ou de la terre·délayée dans ces mêmes
réservoirs. Cette facile distribution de terre réduite
en boue très liquide se nomme *colmatage*. On col-
mate les prés épuisés ou maigres, à la fin de l'automne, après en avoir retiré le bétail, ou au commencement du printemps, avant la reprise de la
végétation.

C'est également par l'eau d'un réservoir supérieur, lancée à grands flots sur le contenu des fosses à purin, qu'on entraîne cette précieuse matière
sur les prés, de manière que leur surface entière
en soit rapidement couverte. Si le purin n'était
amené que par un filet d'eau, la partie supérieure
des prés en recueillerait tout l'avantage, au détriment des parties inférieures qui en seraient totalement dépourvues.

Il serait difficile de déterminer rigoureusement
les époques d'irrigations, leur durée et la quantité
d'eau qu'il convient d'y employer. Au printemps,
dès que la température s'adoucit, de copieux arrosements font reverdir les plantes et les disposent à
une végétation précoce : ils peuvent alors durer
sept à huit jours sans interruption; mais si le froid
reprend, on les interrompt immédiatement. On
peut les renouveler après des intervalles suffisants
pour bien dessécher la terre, en diminuant leur
durée à mesure qu'avance la saison. Dès que l'herbe
a crû en hauteur, l'immersion ne doit plus atteindre que les racines et le collet des plantes, afin de
ne pas rouiller les feuilles et les tiges qu'on fauchera plus tard. A l'approche des fauchaisons, on
supprime les arrosements qui nuiraient à la qualité du foin.

La fauchaison achevée, et, après avoir fait brouter au bétail ce que la faulx n'a point enlevé, l'irrigation n'est efficace qu'autant qu'elle est abondante. Une petite quantité d'eau reste sans effet sur
la terre sèche et fendillée. Mais si cet arrosement
doit être abondant, il doit être court et ne pas

durer au-delà de deux à trois jours. Il sera renouvelé lorsque l'humidité aura disparu, en prenant
toujours soin de ne pas salir le regain. Les arrosements ordinaires d'été, qui se font avec des eaux
parfaitement limpides, ne sont point fertilisants ;
ils n'ont pour but que d'humecter les plantes.

Aux premières grandes pluies qui précèdent et
annoncent l'hiver, alors que les bestiaux sont reti-
rés des pâturages, l'eau qui découle des terres nouvellement cultivées, qui a recueilli sur les chemins
et à la surface du sol tous les débris végétaux et
animaux accumulés pendant l'été, est la plus riche
en principes fécondants et peut couvrir la superficie des prés pendant plusieurs jours consécutifs.
C'est surtout l'application de cette eau qui détruit
la mousse et produit à sa place les meilleures graminées.

En hiver, on profitera des principales crues et
des débords qui roulent des eaux troubles et li-
moneuses, et l'on se préservera des eaux prove-
nant de la fonte des glaces et des neiges, eaux
naturellement claires, froides, dépourvues de substances améliorantes et nuisibles plutôt qu'utiles

sur des végétaux déjà excessivement humectés.

Section 5°. — *Fauchaisons.*

Il est important de bien choisir l'époque des
fauchaisons, car elle influe beaucoup sur les qualités nutritives du foin ; il y a moins de risque, cependant, à l'avancer qu'à l'ajourner ; on y trouve
même plusieurs avantages. Les fauchaisons occupent tous les ouvriers ruraux, et font monter le
prix de la journée de travail à des taux considérables : en devançant les fauchaisons générales, on
obtient une économie notable, et c'est un point à
considérer.

Les graminées, qui ne sont pas encore parvenues
à leur plus haut degré de croissance, font, en outre, un meilleur fourrage que lorsqu'elles sont trop
mûres. Pour réunir la quantité à la qualité, il
faudrait faucher tous les prés en pleine fleur ; ce
qui n'est guère possible. L'opération étant longue,
on doit s'y prendre un peu d'avance pour ne pas
laisser détériorer les derniers foins récoltés.

Un troisième motif de hâter les fauchaisons, c'est

qu'en s'y prenant plus tôt, on a d'autant plus d'es-
poir de rencontrer de beaux jours ; et que, si l'on
est surpris par la pluie, on subit le sort du plus
grand nombre de ses voisins. En somme, il faut se
rapprocher le plus possible de la pleine floraison,
moment où les plantes donnent le plus de fourrage, sans avoir épuisé le sol et s'être épuisées
elles-mêmes par la production de leurs semences.

Un préjugé fort répandu, c'est que l'enlèvement
prématuré des foins fait mûrir et sécher trop rapidement les céréales en les privant de la fraîcheur
qu'entretiendrait autour d'elles la masse des plantes
fourragères ; ou fait rouiller les blés qui absorbent
seuls dès-lors toute l'humidité répandue dans l'atmosphère. C'est simplement une erreur occasionnée
par la coïncidence fortuite de quelques faits de
cette nature avec les fauchaisons.

On saisit, autant qu'on le peut, pour faucher,
une apparence de beau temps, les vents d'est et de
nord ; il est bon de consulter le baromètre avant
de commencer.

Il faut choisir les faucheurs habiles, ceux qui
rasent l'herbe d'une manière uniforme et très près

de terre : en coupant trop haut, on sacrifie la *fourrure,* c'est-à-dire la portion la plus abondante du foin.

A mesure que le fourrage est coupé, hommes, femmes et enfants étendent les andains avec des fourches, et les éparpillent d'autant plus soigneusement que le temps est moins chaud, que les rayons du soleil sont moins ardents. Au soleil couchant, quelque beau temps qu'il fasse, le foin doit être ramassé en *meulons* ou *fourchées* d'un mètre de hauteur, afin de le soustraire à l'action de la rosée, ou de la pluie qui pourrait survenir. Le lendemain, s'il fait beau, dès que toute humidité superficielle est évaporée, on étend les fourchées. Lorsque le fourrage est à peu près desséché, on le réunit en longues *bandes* ou *routes,* en le ramassant des deux côtés avec le râteau ; c'est un dernier fanage pour achever sa dessiccation ; puis on le charge sur des chars et on l'emmène. Si, vers le soir, il n'est pas encore assez sec, on le remet en meulons, pour terminer le fanage le lendemain.

Le foin trop sec, ou desséché trop rapidement, perd beaucoup de sa valeur ; de même que s'il reçoit la pluie, ou plusieurs fois la rosée, après avoir été fané, il ne conserve plus sa nuance verte ni cette odeur pénétrante qui le fait rechercher du bétail.

Lorsque le mauvais temps est opiniâtre et que l'époque convenable passe tout-à-fait, il faut bien se décider à faucher. Le foin coupé reste en andains jusqu'à ce qu'un intervalle de beau soleil le sèche à la surface ; après l'avoir étendu quelques heures, on forme des meules beaucoup plus fortes que les meulons ordinaires et qu'on laisse subsister jusqu'à ce qu'une vive fermentation s'y manifeste. Aussitôt qu'en y plongeant la main on éprouve une forte chaleur, il n'y a plus rien à attendre ; on ouvre les meules, et dès que le fourrage est refroidi on l'enlève. Par cette méthode, le foin devient brun et prend une nuance peu satisfaisante ; cependant le bétail ne le rebute pas et s'en nourrit bien.

Tant de chances défavorables et de dépenses pourraient faire désirer l'emploi du fourrage sur place ou, du moins, en nourriture verte consommée à l'étable. Il serait infiniment moins coûteux et plus simple de faire pâturer les prés, d'y nourrir et d'y engraisser les bestiaux. C'est même une pratique en usage, sous le nom *d'embouche,* dans certaines contrées fertiles, jouissant d'une température uniforme et douce, qui permet d'avoir, à point, une végétation précoce, riche et durable.

Quelques éleveurs et nourrisseurs ont également obtenu, de la consommation des fourrages verts à l'étable, des résultats qui les ont satisfaits, l'engraissement complet des animaux de l'espèce bovine.

Les circonstances locales sont d'un grand poids en pareille matière ; l'embouche est très profitable dans les contrées dont il vient d'être parlé ; la question s'y trouve décidée par le produit net et définitif qu'on y trouve. On fait bien d'essayer et de pratiquer aussi la distribution du fourrage vert à l'étable, là où les herbages sont très substantiels, où la végétation est précoce et dure assez longtemps pour opérer et compléter l'engraissement des animaux.

Mais des obstacles insurmontables s'opposeraient à ce double mode d'emploi des fourrages, dans nos pays où la température est aussi rigoureuse qu'incertaine, et dont les prés sont naturellement peu

fertiles. D'abord, il est indispensable de réserver
d'abondantes provisions de fourrage pour nos interminables hivers; puis, le développement des
herbes, suspendu souvent jusqu'à la fin de mai,
s'opère en moins d'un mois, et ce délai serait tout-
à-fait insuffisant pour en tirer un bon parti. Ou
l'on serait obligé de faucher prématurément, lorsque la faulx marquerait à peine sa trace; ou bien
on emploierait le fourrage trop mûr et déjà dépourvu de ses qualités nutritives; de toute manière,
le but serait manqué. Sans désapprouver donc les
deux procédés qui viennent d'être mentionnés, on
peut dire qu'ils semblent impraticables dans l'Autunois et dans les pays analogues.

Les foins récoltés sont entassés en grandes meules sur la prairie même, ou placés dans les combles des bâtiments ruraux. Les meules, à peu près
inusitées dans nos contrées, ne s'y voient encore que
sur quelques grandes exploitations. On prend, pour
les construire, les mêmes précautions que pour
celles des céréales; seulement, au lieu de les faire
rondes, on leur donne la forme et l'aspect d'un
bâtiment couvert en chaume.

La proximité des meules fait qu'on ne craint pas de multiplier les voyages et qu'on ne cherche pas à confectionner aussi régulièrement les chargements ; on les fait moins considérables et d'une manière fort expéditive en ramassant le foin sur de grands filets, qu'on accroche aux chars disposés pour les recevoir.

Lorsqu'on possède assez de bâtiments pour contenir les fourrages, il est bien préférable de les y abriter ; les risques y sont beaucoup moindres : on a néanmoins quelques règles à observer, et certaines précautions à prendre. Il règne toujours, le long des murailles, une certaine humidité, dont il faut préserver le foin en le séparant des murs par des fascines ou de la paille ; de même qu'on le met à l'abri de la neige, de la pluie et de l'air qui pénètrent sous les tuiles, au moyen de la doublure en paille de glui dont nous tapissons intérieurement l'intervalle des chevrons. [1]

Le contact de l'air est en effet nuisible au foin

[1] Voyez page 17.

quand on l'a récolté bien sec ; il est au contraire
convenable de l'aérer pendant la durée de la fermentation lorsqu'on l'a rentré humide. Il est même
à craindre que, dans cet état d'humidité, il ne su-
bisse une fermentation tellement active, qu'elle y
détermine la combustion spontanée. Lorsque l'état
d'humidité de la récolte peut faire redouter de tels
accidents, il faut, par prudence, stratifier le foin
avec de la paille, ou le mélanger de sel qui atténue la fermentation.

Le sel trouve encore, dans le même cas, mais
dans un but différent, un emploi de la plus grande
importance. Le foin, qu'on est trop souvent forcé
de rentrer humide, contracte un goût désagréable
au bétail, qui le rebute ou ne le mange que pressé
par la faim : des maladies inflammatoires résultent
souvent de cette nourriture défectueuse. Il est cependant possible, avec une faible quantité de sel,
de rendre ce fourrage avarié moins désagréable aux
animaux et surtout moins dangereux pour leur santé.

A mesure qu'on décharge le fourrage humide,
on en saupoudre chaque couche de sel concassé,
qui, fondant rapidement dans la fermentation des

jours suivants, communique à la masse du foin
une saveur agréable et une qualité salutaire au
bétail. Il ne faut pas plus de 4 à 5 kilogrammes de
sel par mille kilogrammes de foin. [1]

La fermentation ordinaire du foin dure deux à
trois mois, pendant lesquels il est dangereux de le
faire consommer aux bestiaux.

Les foins de toutes qualités ne doivent pas se
donner indifféremment aux divers animaux : le
regain convient aux jeunes bêtes ; le foin mûr nourrit et engraisse les animaux adultes ; celui qui provient des lieux bas et frais, donne aux vaches laitières beaucoup de lait, à la vérité peu butireux ;
celui des lieux aérés et secs doit être réservé pour
les chevaux ainsi que pour les moutons qu'on engraisse.

---

[1] On verra, lorsqu'il sera question des bestiaux et des soins
hygiéniques qu'ils réclament, que le sel a bien d'autres applications utiles à l'agriculture, et combien il lui importait
d'obtenir la bienfaisante loi qui a réduit l'impôt du sel.

CHAPITRE II.

BESTIAUX.

Aucune branche de l'économie rurale n'exige plus de soins intelligents que le bétail, et c'est peut-être ce qui laisse le plus à désirer dans les habitudes de nos cultivateurs. Rien n'est plus difficile que de les faire renoncer complètement à leur absurde système de *pâtures,* qui condamne à la stérilité leurs meilleurs terrains. Bon nombre d'entre eux commencent néanmoins à comprendre qu'il n'est point rationnel d'exiger d'une bonne terre plusieurs récoltes, consécutives et non fumées, d'avoine, pour l'abandonner un même nombre d'années à l'envahissement des genêts et au soi-

disant gazonnement spontané, impossible sur un
sol épuisé.

Il est évident que si l'on consacre à la nourriture des animaux les productions fourragères récoltées dans ces mêmes terrains par l'assolement
alterne, on compensera, et bien au-delà, la privation d'un mauvais pâturage, et qu'on aura en bénéfice net les grains et plantes commerciales qui
en sont la conséquence nécessaire. Il n'est pas
moins facile à démontrer que si l'on prélevait seulement la cinquième partie de ces produits en grains
pour en alimenter les bestiaux, on améliorerait les
races et les individus, au grand profit des éleveurs
et des nourrisseurs.

Dans nos pays et dans les nombreuses contrées
où l'on cultive avec les bœufs et les vaches, l'espèce
bovine occupe le premier rang parmi les animaux
domestiques. Il convient d'exposer avec un peu de
détails et de précision les prescriptions qui la concernent, d'autant plus que beaucoup de ces prescriptions s'appliquent également aux autres espèces
d'animaux.

Section 1re. — Espèce bovine.

Le bœuf est un animal ruminant pourvu de quatre estomacs, savoir : le *rumen* ou la *panse*, qui est le plus grand ; le *réseau*, puis le *feuillet*, ainsi nommés à raison de leur configuration, et la *caillette*, qui est le véritable estomac.

Le bœuf n'a pas de dents canines, mais 12 molaires, dont 6 de chaque côté ; et, à la mâchoire inférieure seulement, 8 incisives qui tombent à différentes époques des trois premières années et sont, à mesure, remplacées par d'autres plus larges. Les deux du milieu tombent à l'âge de 2 ans, les deux voisines à 28 ou 30 mois ; et à 3 ans, toutes sont remplacées.

Les races de bœufs sont nombreuses et varient selon la fertilité, les besoins et les habitudes de chaque pays. De grands bœufs ne pourraient subsister dans des pâturages pauvres ; de petits bœufs ne donneraient pas de profits suffisants dans de riches herbages. Dans les contrées où les travaux de culture s'exécutent avec des chevaux, où le grand produit du bétail est la viande, l'éleveur s'attachera moins à la force de la charpente osseuse qu'aux apparences indiquant une grande aptitude à prendre beaucoup de chair et de graisse ; il donnera la préférence à la race de Durham. Dans les contrées, ordinairement moins fécondes, moins populeuses et moins commerçantes, où on laboure avec les bœufs, il choisira plutôt une race musculeuse et agile.

Dans l'Autunois, où l'on cultive avec les bœufs, où le commerce de ces animaux jouit d'une ancienne et juste réputation, mais où la médiocre qualité des herbages ne permet d'achever l'engraissement qu'à l'étable, il fallait une race susceptible de recevoir ce mode d'engraissement, de supporter un travail pénible et de parvenir à une taille considérable.

La petite race du Morvan, d'un roux foncé mêlé de blanc, d'une vivacité et d'une force remarquables, très appropriée au service qu'on exigeait d'elle et qui consistait en travaux de culture, et en charrois lointains connus sous le nom de *galvache,* est d'un engraissement difficile et ne donne, en définitive, qu'une chair de qualité inférieure.

Devait-on améliorer cette race par elle-même, ou par des croisements judicieux ? On l'aurait tenté probablement si l'on n'eût trouvé dans le voisinage une race toute faite, réunissant à la force du bœuf morvandeau la faculté d'engraisser aisément et de donner une chair succulente.

Le bœuf *nivernais,* qui était originairement, selon toute apparence, le bœuf *charollais,* modifié quelque peu dans sa nouvelle patrie, présente ces différents avantages. Nous l'avons adopté, et chaque année voit disparaître davantage des plaines l'ancien bœuf morvandeau relégué dans ses montagnes, où la race nouvelle pourrait bien le remplacer entièrement dans quelques années.

Le bœuf *niverno-charollais* a, comme toutes les autres races, ses qualités et ses défauts extérieurs. L'étude et l'expérience ont démontré que les sujets se rapprochant le plus des formes considérées par les connaisseurs comme types de la beauté, sont, en même temps, les plus énergiques travailleurs et les mieux disposés à l'engraissement.

Voici l'énumération de ces formes modèles : le taureau, de bonne et franche race, a le poil blanc ou légèrement nuancé de jaune ; le front large, sans avoir la tête massive ; l'œil vif et doux, les cils courts et fins, les cornes, blondes ou blanches-verdâtres, de moyenne grosseur, horizontales d'abord et se relevant en avant; le mufle et le tour des yeux blanc-rosé ; très peu de fanon, la côte arrondie, pas de cavités derrière les épaules ; l'épine dorsale droite, les hanches écartées; le rein, la poitrine larges ; le jarret droit, à contours gracieusement modelés, et bien évidé, la côte ronde, le corps gros et long; la queue mince, pas trop relevée ni déprimée à sa naissance ; les jambes peu élancées, le pied petit ; le cuir souple.

La génisse participera de ces différentes qualités, mais avec des formes plus fines, la tête et l'encolure plus légères ; on exigera des hanches bien espacées et la croupe bien développée en largeur.

Lorsqu'on s'est procuré des animaux de bonne race, est-on obligé de ne les accoupler qu'avec des producteurs étrangers de la même race, au lieu de se servir de ceux qu'on possède ? Cela deviendrait difficile et coûteux, et il n'est pas prouvé que la consanguinité produise de fâcheux effets, quand on fait choix de beaux reproducteurs parmi ceux qu'on a obtenus.

La vache niverno-charollaise est rarement une laitière distinguée ; cependant elle donne assez de lait pour nourrir parfaitement son veau.

Le bœuf prend rapidement sa nourriture, puis il se couche, ordinairement sur le côté gauche, pour ruminer et digérer ; il faut alors le déranger le moins possible.

On peut faire saillir le taureau dès l'âge de 18 mois, s'il a été bien nourri ; on est cependant plus sûr d'obtenir des extraits vigoureux en attendant l'âge de deux et même trois ans. La vache peut être saillie dès l'âge de 18 mois, mais il est plus convenable d'attendre jusqu'à deux ans. Un taureau peut saillir 30 à 40 vaches dans l'année, en recevant une nourriture substantielle, notamment un peu d'avoine.

Lorsque la vache entre en chaleur, il faut en profiter sans retard, car cet état ne dure guère plus d'un jour.

Il faut, autant que possible, proportionner le taureau à la vache. On prétend que le taureau influe plus que la vache sur les formes extérieures des produits, et que la vache a plus d'influence sur la taille.

Lorsque la vache est pleine, on ne doit lui imposer qu'un travail léger ; il lui faut une nourriture substantielle ; cependant le fourrage vert lui convient. A l'étable, on lui donne une litière plus épaisse par derrière que par devant, surtout à la fin de la gestation, pour la maintenir dans une position qui prévienne les dangers de l'avortement.

On cesse de traire la vache deux mois avant qu'elle vèle : les mamelles grossissent à l'approche de la parturition qui a lieu à 9 mois et demi, à quelques jours près.

Aussitôt qu'une vache a mis bas, elle devient l'objet d'une attention particulière ; on augmente sa litière, on la maintient dans une température douce, si c'est en hiver : elle reçoit, durant une semaine, sa boisson tiède mélangée de farine, du fourrage vert ou des racines hachées. S'il lui arrive de faire deux veaux, au bout de quinze jours on lui en enlève un, qu'on donne à une autre vache ou qu'on vend au boucher.

Souvent le lait de la vache est trop substantiel et plus que suffisant pour l'alimentation du veau pendant le premier mois de son existence ; cette qualité du lait est facile à reconnaître ; alors on ne permet pas au veau de le prendre en totalité, car il serait exposé à périr d'indigestion. On le fait téter trois fois par jour, le matin, à midi et le soir ; lorsqu'il a tété, on achève de traire la vache jusqu'à ce qu'il ne vienne plus de lait. Après le premier mois, le veau tette impunément à discrétion ; bientôt même le lait de la mère ne lui suffit plus et l'on supplée à cette insuffisance comme il sera dit plus bas.

De bons éleveurs prétendent qu'on ne doit pas laisser téter le veau, mais, aussitôt après sa naissance, lui donner à boire dans un vase le lait de sa mère. Souvent il le refuse ; alors, la personne, chargée de le soigner, trempe la main renversée dans le lait et présente ses doigts au veau qui les prend et s'habitue ainsi à boire seul. S'il refuse obstinément, il faut lui laisser reprendre la mamelle.

Quand on trouve plus d'avantage à vendre le lait qu'à élever, le veau est livré au boucher à l'âge d'un mois ou six semaines. Cependant, il est des vaches qui, privées de leur veau, refusent de donner leur lait ; ces vaches ne conviennent que dans les pays d'élève ; ce sont souvent les meilleures nourrices. On parvient à prendre une bonne partie de leur lait en ayant la précaution de traire deux de leurs mamelles pendant que le veau tette aux deux autres.

Les veaux d'élève sont choisis principalement parmi ceux qui sont nés dans les mois du printemps, afin qu'ils aient le temps d'acquérir de la force avant l'hiver.

Dès que le veau d'élève peut manger un peu de foin, on lui en donne une poignée du plus doux et du meilleur, qu'on augmente à mesure qu'il prend de la taille ; on y ajoute de la betterave ou de la carotte hachées, surtout un peu d'avoine qui le fait croître à vue d'œil, et du trèfle vert, dès qu'on peut s'en procurer. On choisit dans ces diverses substances et bien d'autres, farineux ou fourrages, celles qu'on peut avoir le plus aisément à sa disposition.

Lorsqu'on voit l'animal rebuter et laisser un reste de nourriture, on le lui enlève immédiatement pour prévenir le dégoût.

Les veaux doivent recevoir leur nourriture avec une régularité et une exactitude parfaites ; on ne saurait trop diviser et multiplier leurs repas ; il s'agit d'exciter le plus possible et de satisfaire leur appétit, dans une mesure raisonnable bien entendu. Le mélange d'un peu de sel avec les substances aqueuses qu'on leur fait consommer, est d'un effet très salutaire.

Il est bien de placer devant les veaux, dès qu'ils commencent à manger, de petites auges à double compartiment, dont l'un contient la nourriture solide et l'autre l'eau qu'ils peuvent boire à volonté.

On doit les étriller, avec une carde à laine, deux fois le jour. Leur litière sera toujours abondante et propre.

Il est rare qu'un veau de bonne race ne devienne pas un bel animal adulte ; et sans lui donner plus de soins, il grossit beaucoup plus rapidement qu'un animal de race médiocre. A l'âge de deux mois,

on juge sûrement s'il mérite d'être élevé ; il doit ,
dès-lors, avoir la côte ronde, le corps allongé, les
jarrets longs, l'épine dorsale droite, les pieds et les
articulations volumineux, la croupe large, et n'avoir
aucune dépression derrière les épaules.

Les veaux d'élève sont sevrés à l'âge de six mois ;
le sevrage les altère ; on leur donne quelques breu-
vages d'eau blanche jusqu'à ce qu'ils soient habitués à la nourriture ordinaire.

Nous laissons souvent les veaux à l'étable jusqu'au sevrage, sans les faire sortir, même pour
boire, et cette stabulation complète ne semble leur
porter aucun dommage. Cependant il serait mieux
de les lâcher quelques heures chaque jour, dans un
petit enclos, aux moments où le soleil n'est pas
trop ardent, dès qu'ils ont atteint trois à quatre
mois.

Il est très avantageux d'avoir, à peu de distance
des étables, un petit pré bien clos, où l'on fait
paître, depuis la fin d'avril, les jeunes animaux
âgés de six mois à un an. Les autres sont au
régime des bœufs.

Depuis le moment où les veaux mâles sont parfaitement remis du sevrage, ceux qui ne sont pas destinés à la reproduction peuvent être castrés ou tournés. Soumis de bonne heure à cette opération, ils prennent un caractère plus doux, une chair plus succulente et, dit-on, une taille plus élevée que si l'on attendait la deuxième année ou plus tard. Certains éleveurs les font tourner avant le sevrage et recommandent cette méthode, qui n'est pas usitée autour de nous.

Une vache bien nourrie n'attend jamais plus d'un ou deux mois après le vélage pour demander le taureau. Lorsqu'elle n'a plus à nourrir de veau, on la trait exactement deux ou trois fois le jour, selon la qualité plus ou moins substantielle de sa nourriture.

Dans les pays à herbages d'une qualité supérieure, où les vaches sont toute l'année au pâturage, la tâche de l'éleveur est bien simplifiée : dès qu'un veau peut suivre sa mère, il l'accompagne au pré, où il croît rapidement ; tandis que, dans nos pâturages, où dominent trop souvent des plantes aigres et peu savoureuses, nous voyons des veaux mangeant à discrétion pendant dix heures par jour et semblant exténués de misère et de faim.

Quelques personnes expriment la crainte que des veaux soignés comme il vient d'être dit, ne dépérissent ensuite en passant au traitement ordinaire des animaux adultes : c'est une erreur ; ils se mettent avec une extrême facilité à ce régime nouveau, et conservent, sans interruption, une supériorité marquée sur les autres animaux de leur espèce soumis à l'ancienne et vicieuse méthode de nos pays.

Quant aux frais plus considérables d'élevage, on doit noter que, dans une exploitation convenablement tenue, il n'est aucune des substances données en nourriture aux élèves, qui n'ait été produite, avec beaucoup d'autres encore, par cette exploitation même, et sur les terrains que, dans l'assolement biennal, on laissait subsister en inutiles pâtures.

L'animal adulte, sans exiger des soins aussi minutieux et aussi fréquents que les veaux, ne réclame pas moins d'exactitude dans son service d'entretien. On le soumet soit à la stabulation continue et complète, soit au pâturage, pendant toute l'année, ou bien enfin à un système mixte de pâturage et de stabulation. Le premier mode s'applique aux pays de grande culture, auxquels il faut beaucoup d'engrais, et qui n'ont pas de prés ; le deuxième, aux localités possédant de vastes et riches herbages. L'Autunois et tous les pays médiocrement fertiles, n'ayant qu'une quantité insuffisante de prés, s'accommodent mieux de la stabulation pendant sept à huit mois, et du pâturage pendant le reste de l'année.

Dans la pratique de cette dernière méthode, le bétail est définitivement rentré aux étables vers le 1er novembre, à l'invasion des grandes pluies qui annoncent l'hiver. On y maintient une température douce, très favorable aux animaux pendant cette saison.

Chaque jour, le matin, de bonne heure, on donne le premier repas, pendant et après lequel les bêtes sont étrillées avec des cardes, puis conduites à l'abreuvoir. En leur absence, on fait la litière ; à leur retour, elles trouvent au râtelier de la paille d'avoine ou quelque autre fourrage, et, s'il est possible, des racines hachées dans leur man-

geoire. A midi, vient le deuxième repas ; avant la
nuit, le troisième, deuxième pansement, conduite
à l'abreuvoir, nouvelle litière, et, au retour, un
peu de paille d'avoine, seule ou mélangée de fourrage sec, et encore, s'il se peut, des racines hachées.

Sans rien rétracter de ce qui a été dit ailleurs sur
l'avantage incontestable de pouvoir abreuver le bétail à des eaux courantes, on doit observer néanmoins que, pendant les rigueurs de l'hiver, il est
extrêmement utile d'avoir, à proximité des étables,
un puits dont l'eau soit parfaitement potable. A
cette époque, le bétail, quittant une atmosphère
chaude, et conduit à la rivière ou près de quelque
mare, se sent saisi par le froid, boit avec répugnance et quelquefois refuse absolument de boire
de l'eau glacée. On voit bientôt, à son poil terne,
qu'il a souffert. Tandis que, buvant l'eau de puits,
immédiatement après qu'elle vient d'être tirée,
avant qu'elle ne se soit mise à la température de
l'air extérieur, il se désaltère complètement, mange
ensuite avec plus d'appétit et se maintient en santé
parfaite.

Au commencement de l'hiver, on fait consommer d'abord la paille d'avoine, les balles d'avoine et de blé, de la paille de froment et ce qu'on a de moins bon fourrage ; plus tard, le trèfle sec, alternant ou mélangé avec la paille. A l'approche des travaux, et pendant les labours et les charrois du printemps, puis, jusqu'aux fauchaisons, on distribue tout ce qu'on a récolté de foin, en commençant toujours par le moins bon.

Un bœuf consomme 15 à 16 kilogrammes de fourrage sec dans sa journée.

C'est au printemps, lorsque le bétail est fatigué d'avoir eu à consommer depuis si longtemps des fourrages secs, qu'il importe surtout de diversifier ses aliments, d'abord par des racines, et bientôt après, c'est-à-dire dès les premiers jours de mai, par des fourrages verts, qu'on lui donne à l'étable, soit seuls, soit mélangés avec le foin.

Il ne faut pas moins de 80 kilogrammes de fourrage vert, tel que trèfle ou luzerne, par jour à un bœuf, s'il ne reçoit pas d'autre nourriture, et 75 à une vache.

Aussitôt après les fauchaisons, les bœufs sont

envoyés dans tous les prés successivement, pour y manger ce que la faulx n'a pu enlever. On commence par les prés à regain, qu'il faudra promptement abandonner pour les arroser, s'il y a lieu, et les laisser repousser.

A mesure que les bœufs quittent chaque pré, on leur fait succéder les vaches et les jeunes animaux. Après la sortie de ces derniers, on ferme les prés pour y laisser croître l'herbe que les bestiaux reviennent plus tard manger de nouveau, dans le même ordre, à l'époque des grands travaux de semailles, à moins qu'on ne la fauche en regain.

Lorsqu'on s'aperçoit que les regains ne pourront pas prendre assez d'élévation pour être fauchés, on les fait manger au bétail. Souvent aussi l'on économise les frais de fauchaisons en faisant pâturer tout ou partie des regains bien venus.

Rien n'est salutaire pour le bétail comme de passer au pâturage les belles nuits d'été et d'automne; cette pratique et la faculté de boire alors à discrétion dans une eau courante et pure, l'amènent au plus haut degré de fraîcheur et de brillante santé.

Le bétail, bien restauré avant l'hiver, supporte

beaucoup mieux la stabulation, et s'y contente bien plus aisément des pailles de céréales et autres aliments peu substantiels.

Nos bœufs de travail sont attelés au joug ; c'est l'usage du pays, et l'on n'y trouverait pas à vendre des bœufs habitués au collier. On accoutume de bonne heure les jeunes bœufs, et même les taureaux, au travail ; avec de la douceur et de la patience on en obtient ce que l'on veut. Dès l'âge de deux ans, s'ils ont été bien nourris, on peut déjà les employer à un travail modéré.

Le bœuf croît jusqu'à 7 et même 8 ans ; il n'est réellement animal de fatigue qu'à 3 ans. On peut le conserver jusqu'à 10 ans ; mais il est préférable de l'engraisser à 8 ans, et de remplacer, chaque année, les plus vieux par autant de jeunes.

Quand la température n'est pas chaude, on attelle les bœufs de 9 heures du matin à 5 heures du soir ; si la chaleur est forte, il vaut mieux faire, le matin et le soir, deux attelées qui durent ensemble le même nombre d'heures.

Une charrue attelée de 4 bœufs peut labourer à fond, par jour, 45 ares de terrain de moyenne

consistance, et la charge ordinaire de deux bœufs
peut être de 1000 kilogrammes environ.

On ne doit pas faire boire les bœufs ni les mettre
au pâturage aussitôt qu'ils ont été dételés; en les
rentrant à l'étable, on les bouchonne, puis on les
étrille; ensuite on peut les envoyer pâturer et
boire.

Lorsque les bœufs sont rentrés pendant la chaleur du jour, on tient les portes closes pour éloigner les mouches qui les font souffrir. Ces animaux, incommodés par les insectes, ne ruminent
pas et dépérissent.

Les vaches sont également susceptibles d'être
employées aux charrois et labourages, mais c'est
au détriment du laitage; encore faut-il, lorsqu'elles
sont pleines, et surtout lorsqu'elles allaitent, ne
leur imposer que des travaux peu fatigants. Celles
de notre race niverno-charollaise sont bonnes tra-
vailleuses, et, moyennant les soins convenables,
elles viennent très bien en aide aux bœufs à la
charrue.

Le bœuf ne convient pas aux voyages lointains :
sauf des cas exceptionnels, il doit revenir chaque

jour coucher à son étable. Ces longs voyages n'ont pas seulement l'inconvénient de le fatiguer outre mesure, et de lui faire perdre beaucoup de valeur ; ils répandent sur les routes le fumier qui est un des plus précieux produits du bétail. Les bœufs destinés à des transports et voyages extraordinaires, sont comptés à part dans une exploitation. Ils doivent toujours être ferrés.

Les bœufs s'engraissent parfaitement dans les riches herbages ; mais, dans nos pays, le mode d'engraissement est mixte comme le régime ordinaire. On les met en chair, dans les regains, pendant l'automne ; puis, l'hiver venu, on les engraisse à l'étable, à la *pouture*. On les attache, par couple, près de la même auge ou d'un même tonneau défoncé contenant un levain de pâte de seigle et de l'eau, qu'on entretient. C'est dans ce liquide qu'on plonge le fourrage sec qui leur est distribué en quatre fois par jour, et à la quantité de 25 à 30 kilogrammes, en ajoutant à chaque repas une pâtée épaisse, à la dose de 30 kilogrammes par jour, composée de pommes de terre, de farine, de tourteau oléagineux et d'un peu de sel. Ce traitement

est continué jusqu'à ce que les animaux soient
gras, et dure 3 à 4 mois au moins.

Avant d'engraisser les vaches, on laisse tarir leur
lait en s'abstenant de les traire et on les fait remplir.

Dans nos pays, il faut être bien expert dans l'art
d'engraisser les bœufs, pour en tirer, outre l'abondant et excellent fumier qui en résulte, plus que
la valeur des denrées que l'on consomme. Aussi,
beaucoup de nos cultivateurs préfèrent-ils encore
généralement vendre leurs bœufs de réforme aux
nourrisseurs de profession ou aux emboucheurs
des pays plus fertiles que les nôtres.

Les bêtes bovines, bien soignées, contractent
rarement de graves maladies ; lorsqu'elles en sont
atteintes, on ne doit pas hésiter à appeler le vétérinaire : mais elles éprouvent de fréquentes indis-
positions par suite de refroidissements ou d'autres
circonstances souvent inévitables. On doit alors
s'empresser de les couvrir et de les tenir dans une
température chaude : en même temps, on leur
donne en lavements des décoctions émollientes de
mauves ou de son, et, après leur avoir fait une

petite incision à la partie supérieure des côtes, au-
dessous de l'épine dorsale, on y insinue, par un
bout, un fragment de racine d'ortie ou d'ellébore
qui provoque une suppuration et sert de dérivatif.

Le pâturage du trèfle, de la luzerne et de quelques autres fourragères, occasionne aussi des accidents qui se terminent souvent par la mort de l'a-
nimal, lorsqu'on ne prend pas à temps les précautions nécessaires. Après avoir mangé avidement
une trop forte quantité de ces fourrages verts, il se
météorise et enfle instantanément.

On arrête ordinairement l'effet du mal, en admi-
nistrant sans retard une cuillerée, plus ou moins
forte selon la grosseur de la bête, d'alcali volatil
étendu d'eau. On lui tient en même temps la bouche ouverte en lui mettant un bâillon, afin de lui
faire expectorer les gaz surabondants. Quand le
remède est insuffisant et n'empêche pas l'enflure
de s'accroître, on fait une ouverture dans la panse
du côté gauche, entre les côtes et la hanche, à un
travers de main de celle-ci. Cette ouverture se pratique avec un couteau, et mieux avec un trocart
enveloppé d'un tuyau de métal, qu'on laisse dans

la plaie, après avoir retiré le trocart, et par lequel s'échappent les gaz qui ont causé le mal.

Si l'on a percé avec un couteau, l'on enfonce dans l'incision un tube de sureau qui produit le même effet. Le tube est retiré dès que la bête est désenflée ; il s'établit une suppuration dans l'ouverture qu'on frotte de graisse pendant quelques jours. L'animal est tenu à la diète, puis à un régime qui diminue à mesure que marche la guérison.

On a souvent examiné, sans résoudre suffisamment la question, du moins pour nos pays, quelle quantité de bétail on devait entretenir dans une ferme. En principe, il ne faut en tenir que ce qu'on peut convenablement nourrir et soigner.

Les agriculteurs les plus avancés pensent qu'il doit y avoir sur une exploitation autant de têtes de gros bétail qu'on y compte d'hectares en superficie. Il est possible d'atteindre cette limite lorsqu'on opère sur des terrains d'une extrême fertilité ; mais nos domaines ne sont pas, et ne seront de longtemps, dans de telles conditions. La proportion des prés existants et de ceux qu'il serait possible d'y créer, n'est pas assez considérable pour

le permettre, même en y ajoutant ce qu'on peut
produire de racines et de fourrages artificiels.

Dans nos fermes bien organisées, comptant en
moyenne 60 hectares de superficie, il en est peu
où l'on dépasse en bœufs. 8
Vaches 10
Taureaux et génisses 8
Veaux 8, 4 comptant pour une tête de
    gros bétail. 2
Porcs, 15, 5 comptant pour une tête . 3
Moutons 60, 6   idem. 10
Cheval 1
                     ————
                Total. . . 42

Enfin, comme toute exploitation rurale doit se
résoudre en un produit net annuel, il faut qu'on
puisse, chaque année, détacher et vendre, sur le
capital de bestiaux dont l'énumération précède, au
moins 4 bœufs, 2 vaches, 8 porcs gras, tous nés
sur la ferme, entièrement nourris et engraissés de
ses produits, indépendamment de plusieurs ventes
de moutons.

En disant que tous ces animaux de rente seront

nés sur le domaine, on ne prétend pas qu'on doive
conserver tous les élèves qui y naissent : au contraire, lorsqu'ils n'offrent pas de bonnes chances
d'avenir, on s'empresse de s'en défaire et de les
remplacer avant que l'échange ne nécessite un prix
de retour considérable.

Section 2e. — Espèce ovine.

L'espèce ovine n'a pas fait, dans l'Autunois, les
mêmes progrès que l'espèce bovine. Les essais tentés, par quelques agriculteurs isolés, pour l'introduction de races perfectionnées, n'y ont pas produit jusqu'ici d'effets bien sensibles. Les améliorations agricoles, fondées sur l'adoption de la culture
alterne, diminuent l'étendue des terrains vagues
et des chaumes ; et, comme la nourriture au pâturage est l'état normal des brebis, il s'ensuit que,
par les progrès qui se réalisent, on diminue beaucoup les moyens de multiplier l'espèce ovine.

Cependant, si, comme il n'est pas douteux, le
nombre des reproducteurs a diminué dans nos pays,
le commerce des moutons y a conservé une cer-

taine importance ; on change souvent de troupeaux ; et c'est encore la conséquence d'une intel-
ligente appréciation de notre territoire.

Le mouton se multiplie et prospère principalement sur les terrains secs, surtout calcaires, couverts de plantes savoureuses, aromatiques et subs-
tantielles. Nos terres argilo-siliceuses, à sous-sol
imperméable, nos pâturages marécageux, d'une
médiocre fertilité, ne présentent nullement ces
conditions. On peut y sustenter des moutons, les
engraisser même et en tirer un bon produit, pourvu
qu'on ne les conserve que le temps de les préparer
pour la boucherie, et qu'on prévienne, par une
prompte vente, les dangereuses maladies qui déci-
ment trop souvent nos bergeries.

Pour le cultivateur, qui ne peut ou ne veut y
consacrer plus de soins, et qui possède assez d'expérience pour n'acheter que de bons animaux, le
but est atteint de cette manière. Il utilise des pâturages qui ne peuvent avoir d'autre destination, notamment ses chaumes et ses champs dépouillés de
leurs récoltes ; il gagne la laine nécessaire à son
ménage, des engrais de la meilleure qualité et une

prime assez forte sur ses prix de revente. C'est plus qu'il n'en faut pour l'engager à réitérer ses achats.

Mais l'agriculteur intelligent qui désirera perfectionner la viande et la laine de nos races communes, tirer le parti le plus avantageux de ses plantes-racines, de ses fourrages artificiels, du produit de ses pâtures rompues et assainies, procèdera différemment ; il se procurera des béliers et des brebis de bonnes races, et réalisera des profits bien autrement considérables.

Ce résultat, qu'on a pu entrevoir déjà sur quelques-unes de nos exploitations, entre autres à la Ferme-école de Tavernay, ne peut se généraliser qu'autant que de nombreux essais seront faits en même temps sur des points différents. Des tentatives simultanées sont en effet nécessaires, afin que les éleveurs se procurent chaque année, par achat ou échange, des reproducteurs nouveaux.

Deux races étrangères ont été essayées à la Ferme de Tavernay : d'abord, la race anglaise *new-Kent*[1].

---

[1] Un superbe bélier avait été donné à la Ferme-école de Tavernay par M. Malingié, membre correspondant de la Société d'agriculture d'Autun.

Peut-être n'a-t-on pas compris le genre de soins qu'exigeaient ces beaux animaux; ils n'ont pas réussi. Plus tard, deux couples de *cheviots* [1], race écossaise alors peu connue en France, produisirent, à la Ferme-école, 2 agneaux de race pure et 30 agneaux croisés cheviots et race du pays. On verra plus loin ce qu'ils sont devenus et ce qu'on pourrait espérer d'une nouvelle tentative, si elle n'était pas isolée.

La race *mérinos* ne trouve pas suffisamment à vivre sur nos terrains ; elle exige des fourrages abondants et substantiels, que les pays fertiles et calcaires peuvent seuls lui fournir.

Notre race du pays est petite, à grossier lainage; mais on nous amène beaucoup de moutons vigoureux, et de taille un peu supérieure, des races berrichonne, solognote, et autres communes.

Il faut aux moutons une bergerie bien aérée en toute saison, surtout l'été : elle sera assez grande pour que tous les animaux puissent se coucher et

---

[1] Donnés, en 1844, par M. d'Esterno, membre de la Société d'agriculture d'Autun.

manger en même temps aux râteliers. Chacun
d'eux n'occupe, à la vérité, qu'une superficie de
1 m. de longueur sur 1/2 m. de largeur ; mais il
lui faut, en outre, un certain espace pour se mouvoir.

Les râteliers seront peu ou pas inclinés, même
inclinés en arrière, afin d'éviter la chute des poussiers de foin sur la laine des moutons : au bas,
seront placées des auges étroites, destinées à recevoir la nourriture autre que les fourrages.

Tous les jours, à moins qu'il ne pleuve, les
moutons sont conduits au pâturage, sur les champs
incultes ou débarrassés des récoltes, le long des
chemins, dans les bois, sur les prés fauchés, après
qu'on y aura fait passer les bêtes bovines, sur les
trèfles et autres plantes fourragères.

Comme les moutons, qui sont des ruminants,
sont sujets à être météorisés par la plupart des
fourragères artificielles, on aura soin de ne les y
conduire d'abord qu'après les avoir fait un peu
manger. On les surveillera les premières fois, jusqu'à ce qu'ils s'y soient habitués en y séjournant
tous les jours un peu plus longtemps.

Au retour du pâturage, on doit les faire passer près de l'eau, afin de les laisser boire s'ils en ont besoin.

Si la pluie ne leur permet pas de sortir, on leur donne à l'écurie du foin et de la paille ; un kilogramme de fourrage sec suffit par jour à un mouton de moyenne taille ; il lui faudrait **4** kilogrammes de fourrage vert.

Il est très utile de donner du sel aux moutons ; 1 kilogramme environ pour **40** bêtes, tous les huit jours. On le donne seul, ou mélangé à quelque aliment farineux, ou bien fondu dans l'eau, dont on arrose le fourrage. Le sel est surtout nécessaire dans les temps pluvieux, et lorsque les moutons pâturent dans des terrains humides.

La tonte des moutons aura lieu lorsque la température permettra de les dépouiller sans danger pour leur santé ; dans nos climats, c'est ordinairement à la fin de mai ou dans le courant de juin. La veille de la tonte, les espèces communes, à toisons peu fournies, sont lavées dans l'eau claire d'une rivière ou d'un étang, puis séchées au soleil avant de rentrer à la bergerie.

Les reproducteurs, béliers et brebis, doivent être choisis vigoureux, portant la tête haute, ayant le regard vif, l'intérieur du globe de l'œil et les lèvres vivement colorés, la poitrine large, les reins solides, la laine bien adhérente. La femelle ne sera pas livrée à la monte avant l'âge de 18 mois; le mâle, avant l'âge de 2 à 3 ans : l'un et l'autre seront réformés après l'âge de 5 à 6 ans.

Le bélier, avant d'être employé à la saillie, est tenu séparé des brebis; on ne les réunit qu'au mois d'août, époque de la monte. Un bélier peut servir 60 à 80 brebis. La brebis porte 5 mois; lorsqu'elle est pleine, elle doit être suffisamment, mais pas trop copieusement alimentée. Il faut surveiller l'agnellement qui, quelquefois, s'opère avec difficulté.

Dès que l'agneau est né, on lui fait prendre la mamelle de sa mère; il reste enfermé avec elle une huitaine de jours, après lesquels il la suit au pâturage s'il fait beau. On le sèvre à l'âge de 5 mois.

Les agneaux cheviots, francs et métis, qui étaient nés à la Ferme de Tavernay, en 1845, au nombre de 32, furent nourris exclusivement sur un trèfle médiocre, d'un hectare de superficie. Ils y restè-

rent constamment, une semaine exceptée, jusqu'au
31 juillet. Devenus alors de superbes animaux, les
mâles et quelques-unes des femelles furent vendus,
comme reproducteurs, aux agriculteurs du voisinage qui les achetèrent avec empressement. Il est
regrettable que cet essai n'ait pu se renouveler ;
c'est une indication qui ne sera pas, on doit l'espérer, perdue pour l'avenir.

Le mouton n'a pas de dents incisives à la mâchoire supérieure ; il en a 8 à l'inférieure ; en prenant 5 années, il a toutes ses dents d'adulte.

Les agneaux mâles, qu'on ne veut pas conserver
comme reproducteurs, doivent être soumis à la
castration à l'âge de 3 à 4 mois, par un beau temps
et une chaleur modérée. Dans certains pays, on ne
fait que les bistourner ; la chair en est moins délicate. La viande de la brebis est également inférieure à celle du mouton ; celle du vieux bélier
prend un fort mauvais goût.

Ainsi qu'on l'a dit pour le gros bétail, les moutons sont engraissés au pâturage, ou à la pouture,
ou bien par ces deux moyens successivement. Pour
que leur chair soit de bonne qualité, il faut qu'ils

aient été bien nourris avant l'engraissement à la
pouture. Ceux qui ont 4 ans et plus, s'ils ont conservé de bonnes dents, engraissent plus rapidement
que les jeunes et donnent plus de suif ; mais ils ne
les valent pas pour la qualité de la viande.

En bons pâturages, les moutons s'engraissent
en deux mois ; dans nos champs, d'une fertilité
médiocre, ils n'engraissent jamais parfaitement :
nous les vendons pour la consommation locale, ou
bien à des marchands étrangers qui les achèvent
sur de meilleurs herbages. Pour les vendre *fins-
gras* dans nos pays, il faudrait, après les avoir
commencés au pâturage d'automne, les finir l'hiver
à la pouture, dans un local chaud, en leur donnant
à discrétion des racines, du foin, de l'avoine ou du
son en mélange avec des tourteaux oléagineux con-
cassés et du sel.

Les tourteaux huileux, donnés jusqu'à la fin de
l'engraissement, communiquent un mauvais goût à
la viande ; on doit les supprimer un peu d'avance ;
d'ailleurs, comme cette substance est chère, on
n'en fait consommer que 250 à 300 grammes, par
jour, à un mouton de moyenne grandeur.

Dans certaines contrées de grande culture, comme la Brie et la Beauce, les nourrisseurs font d'abord ce qu'ils appellent *fourrager* les pailles de froment par leurs moutons, c'est-à-dire consommer les épis, encore fournis de quelques grains, de ces pailles, avant de les employer en litière sous les autres animaux ou sous les moutons eux-mêmes. C'est une excellente pratique, d'une efficacité remarquable.

On peut considérer l'obésité du mouton comme un commencement d'affection maladive : la *cachexie aqueuse* ou *pourriture*, la plus terrible de ses maladies, commence souvent par l'engraissement ; et lorsque le mouton est gras, il faut le tuer avant qu'il ne maigrisse, car il serait fort exposé à périr.

La chair du mouton engraissé au pâturage est plus savoureuse et sa laine est meilleure que lorsqu'il est engraissé à la pouture ; mais il acquiert plus de suif par ce dernier mode d'engraissement.

On a remarqué que les moutons à laine fine ne joignent pas à cet avantage la bonne qualité de la viande ; celle des mérinos, surtout lorsqu'ils sont pouturés, n'a ni la délicatesse ni la saveur du petit mouton de nos montagnes.

Un nourrisseur expérimenté gagne toujours à tenir et engraisser des moutons, et l'agriculteur ne compte pas dans ses moindres profits l'excellent fumier de ces animaux.

Il a été fort recommandé d'enlever fréquemment de la bergerie ce fumier, comme exhalant des gaz pénétrants et préjudiciables à la santé des animaux. On a raison s'il s'agit d'un troupeau permanent de reproducteurs ou d'élèves ; mais des troupeaux de passage se succèdent sans inconvénient sur le même fumier continuellement chargé de litière fraîche et amoncelé pendant plusieurs mois, avec la précaution de bien aérer la bergerie. Ce fumier, sec de sa nature, se conditionne bien mieux ainsi, que mis en motte à l'extérieur. Il serait avantageux d'en saupoudrer les couches, à mesure qu'elles se forment, d'un peu de plâtre pulvérisé, qui fixe les sels ammoniacaux d'une évaporation très facile. On l'arrose même quelquefois ; mais on doit le faire avec réserve, pour ne pas maintenir les troupeaux dans une atmosphère trop humide.

**

Ce mode d'entretien des moutons ne s'applique au reste qu'à nos petits troupeaux, largement logés dans nos étables et pâturant une grande partie·du jour. Il est clair qu'il ne pourrait convenir à des troupeaux composés de plusieurs centaines d'animaux, nécessairement pressés dans la bergerie et mouillant beaucoup le fumier, surtout s'ils sont abondamment nourris à la pouture ou de fourrages verts. Dans ce cas, le fumier doit être enlevé fréquemment, au moins tous les mois.

Ces nombreux troupeaux, lorsqu'ils sont parqués sur le terrain, doivent être aussi changés de place plus souvent qu'il n'a été dit [1] : comme on n'y accorde qu'un demi-mètre d'emplacement à chaque animal, il suffit de six heures de parcage pour fumer suffisamment le sol.

Le mouton contracte souvent de graves maladies qui nécessitent les soins d'un habile vétérinaire ; quelques-unes néanmoins cèdent à des moyens fort simples. La gale, mal contagieux qui envahit les troupeaux et diminue promptement leur valeur, se traite

---

[1] Au chapitre des Engrais.

et se guérit ainsi : on fait infuser, pendant 24 heures, un demi-kilogramme de tabac à fumer dans 4 litres d'urine humaine. On soulève, par tout le corps du mouton, la laine, qu'il faut éviter de salir, et l'on frotte les boutons de ce liquide ; on recommence jusqu'à guérison complète.

Lorsque les moutons sont météorisés par les plantes fourragères artificielles, on les bâillonne en leur mettant un lien de paille dans la bouche, afin de la tenir ouverte, puis on leur frappe (tambourine) le ventre avec les mains. Quelquefois on est obligé de les percer comme les bêtes bovines ; mais il faut ajouter que si le mal est arrivé à un certain degré d'intensité, il y a peu de chances de conserver l'animal atteint.

La laine tondue est mise à l'abri de l'humidité, de la poussière et des teignes. Il y a profit pour le vendeur et l'acheteur à la vendre aussitôt après la tonte ; elle a plus de poids avant l'évaporation du suint, et la vieille laine se blanchit beaucoup moins aisément que la nouvelle. La laine des moutons communs, lorsqu'elle n'a pas été lavée à dos, perd ensuite moitié de son poids au lavage.

Espèce caprine.

La chèvre est la vache à lait du pauvre ; elle al-
laite ses enfants et le nourrit lui-même ainsi que
sa famille.

Elle fournit, relativement à sa taille, une énorme
quantité de lait ; ce lait, délicat et d'une digestion
facile, convient aux estomacs affaiblis ; on en fait
d'excellents fromages.

La chèvre est sobre, d'une excessive propreté
et d'une santé robuste ; elle est susceptible d'atta-
chement.

Faut-il que tant de précieuses qualités disparaissent devant les dommages irréparables qu'elle
commet incessamment ! Elle ne sait point pâturer
avec les moutons qu'elle accompagne ordinairement. Il semble que la position horizontale lui soit
antipathique ; sans cesse on la voit se dresser sur
les haies vives, les arbrisseaux, les jeunes arbres,
dont elle ronge l'écorce après en avoir enlevé les
feuilles et les derniers bourgeons. Aussi, le cultivateur soigneux ne manque-t-il pas de la bannir
de son exploitation.

Il y aurait cependant moyen de profiter des avantages qu'elle procure, sans avoir à redouter ses dévastations : c'est de la tenir constamment à l'étable, ainsi qu'on le pratique au Mont-d'Or, près de Lyon.

Les chèvres du Mont-d'Or passent leur vie entière dans des étables bien aérées, où elles reçoivent, sept à huit fois par jour, les herbes qu'on recueille, en été, le long des chemins, sur les terres cultivées, ou dans de petites pièces de plantes fourragères artificielles. Pendant l'hiver, elles se nourrissent de feuillages secs, de foin, de racines, et principalement de feuilles de vigne cueillies au moment des vendanges. C'est dans des tonneaux, ou dans des fosses enduites de ciment, que sont conservées ces feuilles de vigne, qu'on charge d'une pierre et que l'on couvre d'eau pour les empêcher de moisir.

La chèvre produit, chaque année, un et le plus souvent deux chevreaux, dont la peau, fort recherchée pour la fabrication des gants, a plus de valeur que la chair qui est cependant une nourriture saine.

On peut donc recommander l'industrie caprine,

mais avec la condition expresse de la stabulation absolue, que la chèvre supporte sans nul inconvénient pendant les sept à huit années de son existence.

Espèce porcine.

Le porc dut être le premier animal domestique des Gaulois, nos ancêtres. Il est toujours le sanglier quelque peu modifié pour les besoins de l'homme, mais conservant les grossières habitudes de son type sauvage, avec lequel il s'accouple et produit encore.

Jusqu'à ce qu'on l'engraisse, le porc s'accommode aisément des régimes les plus divers, et vit de tout ce qu'on lui donne. Il est d'une extrême fécondité, se reproduit avant la fin de sa première année, croît rapidement et prend plus de graisse qu'aucun autre animal. Il n'est pas étonnant qu'avec de telles qualités il se multiplie partout, dans les grandes exploitations comme chez le plus pauvre manouvrier.

Il existe plusieurs races de porcs; quelques-unes sont remarquables par l'exiguité de leurs os et de

leurs extrémités, ainsi que par le développement
de leurs parties charnues et leur disposition à prendre de la graisse. Tel est le cochon anglo-chinois,
plus sédentaire que le cochon commun et d'un
engraissement plus facile.

Cependant, les animaux de cette race nouvelle
restent les moins nombreux dans nos pays, par des
motifs résultant de leur conformation et de leurs
qualités mêmes. On trouve de l'avantage à les élever, si l'on veut les conserver pour soi, ou les vendre aux bouchers et charcutiers du voisinage. Lorsqu'on veut en faire un objet de commerce, ils ne
conviennent plus autant, parce qu'ils marchent
mal et ne peuvent suivre les troupeaux qu'on ex-
porte au loin. Les femelles en sont aussi moins fécondes ; leur disposition naturelle à l'obésité les
empêche souvent de produire.

Il faut, avant tout, choisir l'espèce la plus recherchée en chaque pays. Dans l'Autunois et les
contrées environnantes, on donne la préférence au
cochon charollais, d'assez grande race, à poil mi-
parti de blanc et de noir.

Le mâle et la femelle reproducteurs, c'est-à-dire

le verrat et la truie, doivent avoir la tête de moyenne grosseur, les jambes peu élancées; le corps allongé, surtout à sa partie postérieure ; la poitrine large, le dos droit et épais, la peau fine et souple, les soies douces. Ils peuvent se reproduire dès l'âge de huit mois, et continuer jusqu'à cinq ou six ans ; mais on ne conserve guère le mâle au-delà de 18 mois, parce qu'alors il devient méchant et dangereux. Un verrat bien soigné suffit annuellement pour 20 ou 30 truies.

La truie peut porter deux fois par an ; on la fait saillir du mois de novembre au commencement de juin : comme elle met bas au bout de 3 mois 20 et quelques jours, les petits de la première portée profitent de toute la belle saison, et ceux de la deuxième ont le temps de prendre de la force avant l'hiver.

La truie pleine sera fréquemment baignée durant l'été, et tenue chaudement en hiver ; on la nourrira convenablement, mais pas de manière à l'engraisser, ce qui l'exposerait à écraser ses petits nouveaux-nés et lui ferait perdre une partie de son lait.

A l'approche du part, ses mamelles grossissent ; on la voit alors ramasser çà et là de la paille qu'elle porte en sa loge ; c'est le moment de la surveiller ; on lui donne à manger, pour l'empêcher, surtout si elle porte pour la première fois, de dévorer sa progéniture. Dès que les *gorets* sont nés, on leur fait prendre à chacun l'une des mamelles, qui sont au nombre de dix ordinairement. Quand les petits dépassent ce nombre, on retranche les moins forts, qu'on élève en leur faisant boire du lait de vache.

La mère qui vient de mettre bas est quelquefois tellement affaiblie, qu'on est obligé de lui administrer quelques verres de vin dans lequel on a fait infuser de la sauge, du thym, de la menthe ou d'autres plantes aromatiques. Aussitôt qu'elle peut manger, on lui donne de l'eau blanche tiède, de l'orge cuite et du lait : bientôt il lui faut une nourriture substantielle et rafraîchissante, des racines cuites, des farineux, du petit lait, du trèfle vert, de la laitue. Après quinze jours de repos, elle peut aller aux champs.

On châtre, avant le sevrage, les petits qu'on ne doit pas conserver comme reproducteurs ; dès qu'ils sont guéris et qu'ils ont atteint l'âge de deux mois, on les sèvre tous pour que la mère reprenne promptement le mâle.

Les gorets sevrés reçoivent, quatre à cinq fois par jour, une nourriture claire composée de petit lait, de farine, de pommes de terre écrasées : on leur donne aussi de l'orge ou du seigle cuits dans l'eau, et bientôt ils suivent la mère aux champs.

Le cochon doit être maintenu dans une grande propreté; s'il se vautre dans la boue, c'est uniquement pour se débarrasser des insectes qui le tourmentent. Il serait malsain de lui laisser longtemps cette couche de boue dont il aime à se couvrir, et rien ne lui est plus salutaire que de le faire souvent baigner. Il éprouve une évidente satisfaction lorsqu'on lui donne une litière nouvelle; il n'est même pas nécessaire de la lui faire; il suffit de lui jeter une botte de paille, qu'il a bientôt dispersée autour de lui. [1]

Le cochon est omnivore; il pâture très bien

[1] Voyez, pour l'organisation d'une porcherie, au chapitre : Construction et organisation de la ferme, page 16.

l'herbe tendre, et peut vivre, depuis le mois d'a-
vril jusqu'en novembre, sur un champ de trèfle
qu'on lui abandonne par portions successives, con-
sommées et repoussant sans interruption. Cette
plante fourragère est, à cet égard comme à bien
d'autres, une ressource immense et inépuisable :
il faut dire cependant qu'il est convenable d'y
ajouter quelque peu d'aliments plus substantiels,
comme racines et farineux.

Il est certaines plantes que dédaignent tous les
autres animaux, et qui conviennent aux cochons :
l'ortie, qui croît de bonne heure au printemps, la
fougère nouvelle, cuites à l'eau et mélangées avec
du son, servent à les nourrir lorsque toutes les provisions sont épuisées et en attendant que l'herbe
pousse aux champs. Pendant l'hiver, c'est la pomme
de terre cuite qui est la base de la nourriture : dans
les vignobles, on y ajoute les marcs de raisins qui
ont servi à la fabrication de l'eau-de-vie.

Lorsqu'il existait d'anciennes forêts de chênes,
le gland était pour les porcs un aliment parfait,
très propre à les engraisser : si l'on peut encore s'en
procurer, on ne saurait trouver pour ces animaux

une meilleure nourriture. On peut même le conserver en le faisant sécher au four, le faire moudre au fur et à mesure des besoins, et le donner en mélange avec des racines cuites. La faîne est employée pour le même objet, quoiqu'elle produise une graisse d'assez mauvaise qualité. Tous les débris végétaux ou animaux de la cuisine ou du jardin, les eaux de vaisselle, les résidus de distillerie, sont également donnés aux cochons.

Leur engraissement présente peu de difficultés : dès la fin de l'automne, les cochons, parvenus à l'âge de 18 mois, sont tenus renfermés loin de tout bruit et mouvement extérieurs. On commence par leur donner abondamment des pommes de terre et autres racines cuites, délayées avec du son et de l'eau. Ces aliments, d'abord liquides, sont épaissis peu à peu avec de la farine de sarrasin, d'orge, d'avoine, de pois et autres farineux, en passant toujours des moins nourrissants aux plus substantiels, des moins bons à ceux que l'animal préfère. Du sel, ajouté à toutes ces substances, les rend plus nutritives et d'une assimilation plus facile. Chaque jour, les auges doivent être exactement nettoyées.

Les truies qu'on réforme après leur cinquième
année, comme toutes celles qu'on veut engraisser,
doivent subir la castration ; on leur retranche l'o-
vaire, mais il faut prendre garde de soumettre à
cette opération des truies pleines ; elles seraient
fort exposées à périr.

La chair de porc se conserve salée ; c'est, à peu
près, la seule viande que consomment nos cultivateurs et tous les habitants de nos campagnes.

Espèce chevaline.

Quelle que soit, en général, l'importance du
cheval, il n'aura ici qu'une simple mention. D'a-
bord, il ne fait point partie des animaux de culture dans nos pays, et n'est pas un accessoire obligé
de nos exploitations. Ensuite, il ne suffirait pas de
lui consacrer un article de quelques pages ; son
éducation est devenue une science qu'on ne saurait
approfondir sans de longues études et une plus longue expérience ; les agriculteurs de l'Autunois auraient peine à faire autorité en cette matière.

On ne saurait dire cependant que le pays se re-

fuse à l'élève des chevaux; il présente au contraire
une des plus indispensables conditions de succès,
l'existence de grandes propriétés. L'ancienne réputation du cheval morvandeau, qui était le nôtre,
et quelques exemples récents suffiraient, d'ailleurs,
pour encourager les hommes de progrès à entrer
en cette voie.

Dans l'état présent de notre agriculture, il y a
plus d'avantage à multiplier et perfectionner l'espèce bovine. Néanmoins, on regrette souvent d'être
forcé d'employer des bœufs à certaines opérations
qui demandent de la célérité, de longues courses et
l'emploi d'une force motrice peu considérable. Un
léger hersage, le buttage des plantes-jachères, les
binages à la houe à cheval; puis, les fréquents
voyages d'approvisionnement à la ville, l'envoi des
grains au moulin, sont loin d'exiger la force de
deux bœufs, et s'exécutent bien plus lestement
avec un cheval.

Il est donc d'une sage économie de tenir en chaque ferme une jument poulinière, qui, tout en
donnant des poulains, rend encore de nombreux
services journaliers.

CHAPITRE III.

DES VÉGÉTAUX LIGNEUX, DANS LEURS RAPPORTS AVEC L'AGRICULTURE.

La culture des végétaux ligneux ne fait point essentiellement partie de l'agriculture : il n'est pas inutile, néanmoins, d'indiquer brièvement les principales circonstances où l'on ne pourrait, sans de grands dommages, les séparer l'une de l'autre.

Les arbres et arbustes ne sont pas seulement le plus bel ornement d'une propriété rurale ; on en tire de grands produits en bois de service, en combustible et en fruits. Leur abri protège les champs et les récoltes contre les froids rigoureux, l'impétuosité des vents et l'excessive ardeur du soleil. Ils forment la clôture vive des terres et préviennent les dégra-

dations dans celles qui sont escarpées. Ce ne serait
donc pas administrer en bon père de famille, que
de négliger les moyens de les multiplier partout où
leur ombrage ne peut être nuisible.

A la vérité, s'il fallait acheter les jeunes plants,
ce serait l'objet d'une dépense considérable; mais,
au moyen d'une pépinière créée dans des conditions convenables et soigneusement entretenue, on
obtient à peu de frais tout le résultat désirable.

Section 1re. — *Pépinière.*

La pépinière doit être établie dans un sol abrité,
sain, de consistance plutôt légère que compacte,
remué à 50 centimètres de profondeur, afin de favoriser le développement des racines. Si le terrain
est trop infertile, on lui donne préalablement des
cultures et des fumures préparatoires.

Au printemps, après une dernière façon donnée
pour achever d'ameublir la terre, on sème les graines
des arbres qui se reproduisent de semis, c'est-à-
dire de la plupart des arbres forestiers et fruitiers,
ainsi que celles des arbustes de haies. Plusieurs de

ces graines conservant peu de temps leur vertu germinative, on les stratifie, pendant l'hiver, par couches alternatives de semences et de terre.

On enfouit à peine les semences fines ; les plus
grosses s'enfoncent de 2 à 3 centimètres. Quelques-
unes, comme l'aubépine, ne lèvent pas la première
année.

A dater du moment où l'on a semé, il est nécessaire de donner des cultures assez fréquentes pour
empêcher les mauvaises herbes d'envahir la pépinière.

Certaines espèces à bois tendre, telles que le
peuplier, se multiplient uniquement de boutures
ou jeunes branches qu'on coupe à un œil au-dessus
de terre, et dont on assure la belle végétation par
des binages. D'autres, comme le saule, se plantent
bien également en boutures, mais en longues et
fortes branches, dont on coupe le sommet et qui
sont mises de suite en place.

Dès la deuxième ou troisième année, les jeunes
plants seraient trop épais et ne pourraient prospérer ; il faut les repiquer après la chute des feuilles. Au repiquage, on coupe le pivot des arbres

fruitiers et l'on conserve celui des arbres forestiers; on les remet en pépinière, mais plus espacés.

Aussitôt que leurs rameaux se multiplient, lorsque la sève est au repos, on retranche jusqu'au tronc ceux qui font concurrence à la tige principale, et l'on raccourcit un peu les autres en crochets, pour maintenir et distribuer également les sucs nourriciers dans l'arbre entier. La tige principale ne doit subir aucune mutilation.

Lorsque les sujets d'arbres fruitiers en sont susceptibles, selon qu'on veut en faire des quenouilles, basses tiges ou arbres à plein vent, on les soumet, les uns à la greffe en écusson, et les derniers le plus ordinairement à la greffe en fente. L'arbre greffé se traite et se taille comme on vient de le dire pour les jeunes plants, jusqu'à ce qu'il soit assez fort pour être mis en place.

Les arbres forestiers à haute tige, destinés à former des lignes ou des massifs, sont arrachés avec toutes leurs racines, dont on *habille* ou raccourcit le chevelu, en ménageant, autant que possible, le pivot. Les arbres résineux doivent conserver leurs racines entières.

Section 2°. — Plantation.

Pour mettre les jeunes arbres à leur place définitive, on fait en terre des trous d'autant plus larges et profonds que les arbres doivent acquérir une
plus grande dimension. Dans les terrains argileux,
compacts, ne laissant point filtrer l'eau, au lieu de
trous, il vaut mieux creuser des tranchées ayant
une issue pour l'eau à leur extrémité inférieure.
Dans ces sortes de terrains, ainsi que dans ceux
qui manquent de profondeur, il faut planter presque à fleur du sol et amonceler plutôt un peu de
terre sur les racines, autour du tronc.

Les trous ou tranchées seront creusés d'avance,
afin de laisser la terre se *mûrir* et s'imprégner des
gaz qui se dégagent de l'air. ·

Les racines doivent être parfaitement étendues,
bien développées et recouvertes de terre meuble,
qu'on presse légèrement par-dessus avec le pied.

Section 3°. — Entretien.

Que les arbres fruitiers soient à basse tige ou
plein vent, il faut ne les laisser se développer que

graduellement et raccourcir les branches qui prennent, aux dépens des autres, un accroissement trop
rapide. Les quenouilles seront taillées en cône, afin
que toutes les branches soient également exposées
à la pluie et au soleil.

Les branches latérales formeront avec la tige un
angle de 45 degrés ; elles seront étagées de manière
qu'entre les étages il y ait une distance égale à la
moitié de la longueur des branches après la taille
du printemps. Comme leur longueur s'accroîtra
chaque année, on éclaircira successivement les étages. Mais il n'y a point à s'appesantir ici davantage
sur les arbres à basse tige ; on ne plante guère que
des arbres fruitiers à plein vent autour des terrains
cultivés.

Ces arbres seront placés hors de l'atteinte de la
charrue et des animaux qui la conduisent ; ils seront munis de tuteurs et d'épines ; des bourrelets
de paille sépareront leur tige des tuteurs et des
liens. Le terrain recouvrant leurs racines recevra,
les premières années, une culture superficielle.

Les arbres fruitiers, dans les sols maigres ou argileux, se couvrent promptement de mousses qui

annoncent et hâtent leur dépérissement, quoiqu'elles n'en soient par la cause première. On
maintient leur écorce en un parfait état de netteté et
de vigueur, en la badigeonnant, à chaque automne,
d'un lait de chaux récemment éteinte. [1]

Section 4e. — *Haies vives, tétards.*

Les arbustes et arbrisseaux, destinés à composer
les haies vives, ne seront, lors de leur mise en
place, coupés et rapprochés tout près de terre
qu'autant que les bestiaux, et surtout les moutons,
ne devront pas venir pâturer à leur proximité. Dans
le cas contraire, il faut ne les raccourcir qu'à plus
d'un mètre de terre.

Plus tard, on les entaille au pied, afin de les incliner et de faire partir de l'incision des jets qui
s'entrelacent avec la tige primitive et forment bientôt un obstacle impénétrable. Traiter ainsi une haie
vive, c'est, selon l'expression de nos cultivateurs,
la *plesser*.

---

[1] Ce moyen, d'une rapide exécution, est pratiqué avec plein
succès par un horticulteur voisin de la Ferme de Tavernay.

Autant il y a d'inconvénients à laisser croître dans les haies, qui entourent les terrains cultivés, de grands arbres forestiers, dont la haute tige et l'épais feuillage interceptent l'accès et l'influence de l'air, de la pluie et du soleil, autant il est avantageux de ménager de ces arbres en *têtards,* qui donnent très peu d'ombre et fournissent périodiquement une grande quantité de branchage. Nos pères conservaient, avec toute raison, un grand nombre de têtards : par avidité, et avec une impardonnable imprévoyance, nous les avons détruits. Il faut y revenir et imposer aux fermiers l'obligation de laisser croître dans les haies tous les arbres forestiers propres à être mis en têtards.

Section 5e. — *Plantations des terrains escarpés.*

Les terrains montueux et escarpés, que la charrue dépouille et condamne à la stérilité, seront améliorés et bientôt couverts de belles récoltes, si l'on parvient à fixer, au moyen de quelques plantations, le sol incessamment entraîné par les orages.

A cet effet, des haies vives horizontales, con-

tournant les montagnes, sont plantées parallèlement et à 15 ou 20 mètres de distance les unes
des autres. Dans ces haies mêmes sont placés des
arbres forestiers, appropriés à la nature du terrain
et à l'exposition, tels que châtaigniers, chênes, aca-
cias, charmes, destinés à être taillés en têtards.

Sur les terrains fortement inclinés, il est à peu
près inutile de creuser des trous et des tranchées
pour y planter les arbres et les haies. On ameublit
seulement, à sa superficie, la place où l'on pose les
racines des jeunes plants, qu'on recouvre du terrain de la partie supérieure. Ainsi s'élèvent déjà de
petits ados qui serviront de point d'arrêt aux terres
entraînées par les pluies.

Pendant quelques années, ces terres, amoncelées
graduellement, sont relevées sur les haies, qui, se
trouvant buttées, prennent des racines supérieures
aux anciennes et dominent, chaque année, de plus
haut, les terrains inférieurs. Une montagne finit
ainsi par former une suite de gradins, beaucoup
moins inclinés que l'ancien sol, et que la charrue
sillonne dans le sens des haies, sans risquer de les
faire raviner par les torrents. Insensiblement, les

récoltes gagnent en qualité comme en quantité, tandis que les têtards et les haies donnent, tous les cinq à six ans, le produit de leurs coupes réglées.

Section 6ᵉ. — *Plantations des rives*

Lorsqu'un cours d'eau borde ou traverse des terres, ou des prairies, il y cause souvent des dégradations fort dommageables. Le moyen le plus simple d'y remédier, c'est de garnir les rives, en automne ou après l'hiver, de marsaults et d'aunes, dont les racines, enchevêtrées et consistantes, ne permettent bientôt plus à l'eau d'élargir son lit.

Quand les rives ont beaucoup d'élévation, l'aune et le marsault ne pourraient prospérer à la partie supérieure : l'acacia y réussira parfaitement et ne tardera pas à prévenir toute espèce de dégradation.

FIN.

TABLE DES MATIÈRES.

CHAPITRE II.

CHAPITRE III.

CHAPITRE IV.

CHAPITRE V.

TROISIÈME PARTIE.

CHAPITRE Iᵉʳ

CHAPITRE II

CHAPITRE III.

FIN DE LA TABLE

Imprimé en France
FROC021530200120
23227FR00018B/192/P